中国海洋大学教材建设基金资助

海洋环境保护

朱庆林　郭佩芳　张越美　**编著**

U0370173

中国海洋大学出版社
·青岛·

图书在版编目(CIP)数据

海洋环境保护/朱庆林,郭佩芳,张越美编著. —
青岛:中国海洋大学出版社,2011.10 (2022.1 重印)
ISBN978－7－81125－910－0

Ⅰ.①海… Ⅱ.①朱…②郭…③张… Ⅲ.①海洋环境
－环境保护－高等学校－教材 Ⅳ.①X55

中国版本图书馆 CIP 数据核字(2011)第 209104 号

出版发行	中国海洋大学出版社		
社　　址	青岛市香港东路 23 号	邮政编码	266071
出 版 人	杨立敏		
网　　址	http://www.ouc-press.com		
电子信箱	dengzhike@sohu.com		
订购电话	0532－82032573(传真)		
责任编辑	邓志科	电　　话	0532－85901040
印　　制	日照报业印刷有限公司		
版　　次	2011 年 11 月第 1 版		
印　　次	2022 年 1 月第 5 次印刷		
成品尺寸	170 mm×230 mm		
印　　张	12.25		
字　　数	220 千字		
定　　价	36.00 元		

序　言

作为一位物理海洋学工作者应邀为这本讲述海洋环境保护的书作序,从常理上讲是超越自身学术专长之事。既为之,自有缘起。

本书作者之一朱庆林博士最初专业背景为数学,最终学位则为海洋资源与权益综合管理(习惯性被简称为海洋管理)专业博士,专业跨度不可谓不大。这既因中国改革开放海洋开发利用之需,亦是这种大跨度超常规开发利用的生动写照。2001 年,时任国家海洋局局长王曙光先生深感科技不仅是海洋开发利用之利器,有时亦为海洋环境问题之肇始,国家的海洋事业发展亟须既懂海洋科技又具管理知识的专门人才。他的这一识见得到时任青岛海洋大学(现中国海洋大学,以下均简称为海大)校长管华诗院士的高度认同,二人共同谋划在海大培养此类人才。于是,当年在海洋环境学院(以下简称为学院)以海洋科学国家理科人才培养基地为依托设立了海洋管理班,在海大涉海专业三年级本科生中选拔优秀学生,针对我国海洋管理的实际需要和未来发展进行专门培养。时任学院教学副院长的郭佩芳教授就责无旁贷地成为海洋管理的学科带头人,套用当下的时尚说法,实现了从物理海洋到海洋管理的一个"华丽"转身。形势逼人强,不仅佩芳教授的转身"华丽",而且乘海大海洋科学被批准为博士学位授权一级学科之东风,海洋管理学科点于 2003 年又成为自主设置的博士点。短短两年时间,海洋管理学科点从无到有,由本科到博士,百业待兴,面临着师资、教材、条件等方面的诸多困难,学科建设成为一项地地道道的"边设计、边施工"工程。因亟须师资,庆林博士就由当初以物理海洋专业入学的博士生,于 2005 年成为海洋管理专业毕业的首位博士,随后便成为学科点的中坚力量。在过去近十年,学科点培养和培训了几百名海洋管理人才,他们正在我国海洋管理事业中发挥着重要作用。学科点的老师人数虽少,又非科班出身,但他们克服重重困难编撰了一批讲义和教材用于学科点的本、硕、博教学工作。受海大教材建设基金资助,庆林博士等三人编撰的这本教材有幸成为学科点第一本正式出版的教科书,并且成为学校通识课程采用的教材。筚路蓝缕,终有斩获。

改革开放三十多年来，国内高校陆续出现了一些新兴学科。这些学科一经兴起，响应者众，趋之者若鹜，学科建设搞得风生水起。海洋管理学科点虽为新兴学科，却未呈现应者云集的热闹场面，一直是学科点草创期间的几位老师在默默地坚守。海洋管理作为海洋科学一级学科下自主设置的学科，按学科条目自然地归属于理科，而其内容则表现为非常多的社会科学属性，甚至人文学科属性。从积极的意义而言，这是文理交叉学科，但在现实中却经常遭遇非文非理的尴尬。在教学上，各个学科专业总是能够做到"井水不犯河水"。在科研上，则无法避免同其他学科专业比较其竞争性。作为竞争性的指标，无论是国家级项目还是 SCI 论文，学科点非文非理属性所能达到的高度也不只是尴尬一词所能描述了。特别是，学科点置身于拥有物理海洋和海洋气象两个优势学科的学院，其发展过程中所伴随的焦虑感、强迫感是不难想象的。2008 年本人受命担任学院院长，深感学院各学科间发展不均衡，有意促进推动海洋管理学科点的发展，更愿亲力为学科点建设做哪怕点滴所能之事。因此，这次庆林博士等三位作者邀我为他们的大作写序，我当即慨然应允。待允诺的激情退去，如何践诺却颇费思量。自己从未涉足过海洋环境保护研究领域，这序言写什么？如何写？

据闻每个成年美国公民都有担任陪审员的义务，参与决定嫌犯是否被起诉、是否有罪，尽管他们中绝大多数不是法律专业人士。这一制度设计的立论为，如果一切是清清楚楚、一目了然的话，一般常人的智力就足以判断。我想大家对环境的好坏和变化都有能力去切身感受，且已切身感受，环境的问题也应属于一般常人的智力就足以判断的问题。基于此考虑，作为一个生活在滨海城市、从事物理海洋科教工作的人，在该书的启发下，谈谈自己对海洋环境保护的粗浅认识，权且当成序言。这也应符合这本书作为通识课程的教材所要达到的目标。

该书通过对比几个关于环境的定义指出："环境概念最为本质之点，是以人为主体，相对于人类其周围存在的一切自然的、社会的事物及其变化和表征的整体。"这清楚地表明了环境是从人的视角出发而形成的概念，是视角决定了观念。我们知道，"中东"、"远东"等地理名称类似于此，是从西方人的视角而形成的地理观念。如果说后者可视为西方对东方的殖民，那么前者是否体现了人对自然的"殖民"意识？环境(environment)似乎不是一个早已有之的词汇，而是随着社会进步、科学发展产生出的派生词汇，应该是科学意义上的词汇，从而应体现出科学精神。我们知道，真正的科学精神在于理性、客观和价值中立。但是，上述环境的定义很难说是价值中立的，而是地地道道的人本位环境观。

在人本位的观念下,人类生活、生产、开发资源、改造自然,实现社会进步。自19世纪,代表西方文明的工业化更成为社会进步的代名词,发展中国家纷纷以工业化为发展目标。人类从大自然不断地大量获取原材料、资源和能量,不断地制造出大量的人工合成化学品。"征服大自然"已然成为人类吹响的进步号角,无人怀疑其正确性和合理性。直到1962年,美国学者Rachel Carson对这一人类观念的绝对正确性提出了质疑,在其名著《寂静的春天》中描述了人类因滥用杀虫剂可能将面临一个没有鸟、蜜蜂和蝴蝶的世界。这本不寻常的书,唤起了人们的环境意识,使环境保护问题提到了各国政府议事日程,各种环境保护组织纷纷成立,开启了环境保护事业。

事实上,发达国家所走过的是一条先污染后治理、以牺牲环境换取经济增长的社会发展道路。然而,发展中国家在赶超的工业化进程中没能有效地避免这种以牺牲环境换取经济增长的发展模式,资源和环境成为后发优势所付出的代价。这些国家不仅重复了发达国家所走过的老路,更因相应法律法规的不完善、国民环境保护意识的淡薄以及现代科技的力量,对环境造成了极大的破坏。目前,全球化的浪潮席卷整个世界,国际资本能够在国家间畅行无阻地流动,商品的生产制造形成国际化产业链,资本的逐利本性使得产业链上那些环境成本高的上游产业多设置在发展中国家。全球化,从某种意义上讲是美国生活方式的全球化,像美国人那样生活已成为一种时尚,成为人们追求的幸福生活目标。最近的一项研究表明,如果地球上所有人都按照美国的生活方式来消耗资源和能源,需要5个地球才能满足所有地球人的需要。2011年10月31日为世界70亿人口日,人类社会的未来发展将面临着更大的资源和环境压力。海洋作为世界上的最后处女地,面临着大规模的开发利用已是大势所趋。人们常说"21世纪是海洋的世纪",其实这种说法就是意味着在21世纪人类将全方位地开发利用海洋的资源、环境和空间。

如何开发利用海洋应是人类社会认真思考的大问题。我相信读者通过这本书能够知晓海洋环境问题、海洋环境污染状况及危害、海洋环境生态破坏现状,了解海洋环境保护理论、法律、法规等,使自己成为一个从内心深处生发出(海洋)环境意识的人,能够对海洋开发利用持有审慎的积极态度。墨西哥湾漏油事件和日本福岛核电事故表明,即便是全球最发达的国家和技术最先进的公司,在开发利用海洋过程中也不能保证可以规避环境风险和完全应对所带来的生态挑战。有谚语云:如果在森林里迷了路,最好的办法是回到起点。人类在开发利用陆地资源环境上所造成的诸多环境问题就说明人类在发展的道路上迷了路,应回归人与自然关系的基本观念:人类与自然环境的相互融合。

生物学家告诉我们人与黑猩猩的基因差异不到2%。人之所以为人，是因为人能够对自身追问。人类最著名的追问莫过于古希腊先哲苏格拉底的千古天问："我们是谁？我们从哪里来？我们要到哪里去？"美国科学家最新研究显示，人类共同的母系祖先可追溯至20万年前来自非洲的"线粒体夏娃"。这似乎是对苏格拉底的前两个追问给出了生物科学的答案。而要回答"我们要到哪里去？"的问题，很可能决定于人类在21世纪——海洋的世纪，将以怎样的理念和行为去开发和利用海洋——人类在地球上的最后处女地。

2011 年 11 月 22 日
于中国海洋大学崂山校区

前　言

　　随着工农业生产的发展、城镇居民人口的增加和人民生活水平的提高,污染物的排放越来越多,陆地环境和海洋环境污染日趋严重。环境问题已经、正在、还将继续影响全球经济和社会的持续发展。环境危机的影响范围之广、程度之深、规模之大已经引起全球的普遍关注。

　　当今,海洋环境与全球环境一样,也向人类提出了挑战。联合国及国际组织、各国政府与群众团体,正在付出巨大努力,保护包括海洋在内的全球环境。1982年4月第三次联合国海洋法会议在纽约联合国总部颁布的《联合国海洋法公约》第十二部分特别规定了"海洋环境的保护与保全",对沿海、公海区域的环境和控制、防止污染损害,提出了普遍适用的准则。在国际环境组织采取行动的同时,沿海各国也大力加强了海洋环境的治理与保护,大都建立了海洋环境保护的法律制度,步入了运用法律强制力保护环境生态平衡和健康发展的轨道。

　　认真分析我国的海洋环境现状,找出海洋环境的主要问题(所在),制订相应的防治对策,将对海洋资源和海洋环境保护、海洋事业的科学发展等具有十分重要的意义。

　　本书共七章,首先在了解全球环境大背景和海洋环境概念的基础上,认清海洋环境的问题,接着对海域环境污染及其危害、海洋环境生态破坏现状进行了阐述,然后明确了海洋环境管理理论的内涵,分析了海洋环境管理的基本原则和科学发展理论、海洋环境管理法律、法规和海洋环境标准等内容,论述了海洋环境管理理论和海洋环境管理的任务等内容,最后阐述了海洋环境保护与管理技术,以促进海洋经济社会可持续发展,海洋环境的有效保护与海洋资源的合理利用。其中,第1、4、5、6、7章由郭佩芳、朱庆林共同编写,第2、3章由张越美、朱庆林共同编写,由朱庆林统稿,滕菲、马云瑞、石洪源、孙敬文做了文字修订工作。

　　本书得到"中国海洋大学教材建设基金"资助,在此对学校和院系领导的关心支持表示感谢。

　　由于作者水平所限,书中不足之处在所难免,真诚期待专家学者和广大读者批评指正。

目　次

1 海洋环境问题

海洋环境是全球环境的基本组成部分,在全球环境的形成和变化中,海洋环境从某种意义上还起着主导作用。但两者毕竟是局部与整体的关系。因此,研究当代海洋环境管理问题,必须首先讨论全球环境、海洋环境正在发生的事件。

1.1 环境及海洋环境的概念

1.1.1 环境的定义

环境,通常认为,就某一事物主体而言,其全部过程与现象及其周围的其他事物,都是中心事物的环境。

在《中华人民共和国环境保护法》(简称《环保法》)中,将环境规定为:"本法所称环境,是指影响人类生存和发展的各种天然的和经过人工改造的自然因素的总体,包括大气、水、海洋、土地、矿藏、森林、草原、野生动物、自然遗迹、自然保护区、风景名胜区、城市和乡村等。"

各类辞书对环境的解释同《环保法》的表述基本类似,如《中国大百科辞典》解释为:"环境是人类社会存在和发展的基本条件。包括自然环境和社会环境。前者是环绕人类社会的自然界,由地理位置、地貌、气候和生物、矿产等资源构成。后者是社会发展过程中人类创造的现存的精神和物质财富。狭义指具体的个人、群体社会境况。"① 由上述定义不难发现,环境概念最为本质之点,是以人为主体,相对于人类及其周围存在的一切自然的、社会的事物及其变化和表征的整体。

当前的理论和实践研究,存在一种较为普遍的倾向,把自然环境变为无所不含的极为宽泛的概念,即"广义环境"。甚至把自然资源完全融入环境之中,有时在实际工作中只有环境,而没有相对独立的资源概念,进而在事实上弱化

---

① 《中国大百科辞典》编委会编,华夏出版社1990年第1版,第271页。

1

了资源及其相关工作。比如自环境污染受到关注以来，国际或国家的环境机构和组织的活动，大有一统环境、自然资源之势。实际上，自然环境与自然资源两者之间并不存在固定不变的隶属关系，各有相对独立的内在规律，都是自然条件的基本因素，它们在一定的关系下，可以互为对方的内容：当我们以自然环境为对象讨论其组成因素时，自然资源就是环境的内容之一，即"资源环境"说；而当我们以自然资源为对象讨论其组成因素时，环境就转化为自然资源概念下的内容之一，即"环境资源"说。它们在系统中所处的层次和地位，并不是不变的。所以，无论是理论上，还是实际工作中，都不能歪曲环境与资源的关系，否则是有害的。

討論1：环境与资源

在过去，特别是在前几年，在"广义环境"大有一统环境、自然资源之势时，我们更应该强调：环境问题的由来。我们所说的"环境问题"、"海洋环境问题"是指现代的"环境问题"、现代的"海洋环境问题"，而非古代的"环境问题"、古代的"海洋环境问题"。正如前面所说，现代的"环境问题"、现代的"海洋环境问题"是指在现代工农业的发展和陆地资源的开发、海洋事业的发展和海洋资源的开发过程中发生发展、形成问题、甚至成为灾难的。该问题的解决，如果就环境而言环境，只能解决环境的表观，不能解决环境的根本。要解决环境的根本，就必须从产生环境的根源入手，即资源的开发过程、技术、手段、方法、思想等方面和角度入手。

討論2：污染与保护
人口、工业、发展、开发是否等于污染？

1.1.2 海洋环境概念

海洋环境是影响人类生活与发展的又一类自然因素的地理区域总体。尽管海洋环境是人们经常使用的概念，但其表达的形式或内容却有一定的差别。

按照《中国大百科辞典》的解释，海洋环境是"地球上连成一片的海和洋的水域总体，包括海水、溶解和悬浮其中的物质、海底沉积物以及生活于海洋中的生物"。

《海洋环境保护法知识》将其定义为："海洋环境是人类赖以生存和发展的自然环境的一个重要组成部分，包括海洋水体、海底和海水表层上方的大气空间,以及同海洋密切相关,并受到海洋影响的沿岸区域和河口区域"①。

国外海洋论著对海洋环境多缺乏系统的概括和定义,一般认为海洋环境是海底地形、地球物理、海底结构和海洋化学、生物、热结构,以及海洋状况和天气等的总体海洋现象,亦即"狭义环境"、"物理环境"。例如,美国于1966年6月17日第89届国会参议院第944次会议通过的海洋《公约》中的定义(第8条):"专门名词'海洋环境'认为应包括大洋、美国大陆架、五大湖、邻近美国海岸深度至200米或超过此深度但其上覆水域容许开发海洋自然资源的深水区域的海床和底土,邻接包括美国领海内的岛屿的同样的海底区域的海床和底土,有关这些方面的资源。"

对比国内外海洋环境的定义,在概括的方法、内容上是大同小异的,都罗列了海洋自然地理环境要素,其差别只是所列举的要素多少而已。作为概念的原则,它们都未能对海洋环境的本质进行归纳、体现。因为从根本上讲,概念的核心不是叙述事物的现象,而应该从现象揭示其本质特征,并力求简洁、准确地抽象。以此衡量,上述海洋环境的概念,都是不尽如人意的。

那么,应该如何定义海洋环境呢?似应作如下归纳:海洋环境是指以人类生存与发展为中心,相对其存在并产生直接或间接影响的海洋自然和非自然的全部要素的整体。既包括海洋空间内的水体及其物理、化学、生物要素,海底的地质、地貌及矿产要素,海面及上空的海洋现象等自然固有要素与过程,也包括非海洋自然要素所固有,而由人类活动引起的人为因素,如海洋污染、海洋赤潮灾害等。这样定义海洋环境突出了两个问题:一是海洋环境是以人类社会为中心的海洋自然与非自然要素的总体,此点是问题的本质之处;二是海洋环境不仅是自然的要素,也是非自然的要素,特别是近代以来,沿岸和近海区域受人类活动的影响越来越大,由此发生了一系列环境后果,不论是有益的还是有害的,又都成为客观的存在之物,它们反过来对人类的生存和发展产生或大或小的作用。因此,因人为影响而出现的海洋非自然要素应是海洋环境整体的组成部分,这一点是一些概念中易于疏漏的内容。

1.2　全球环境问题

由于自然的和人为的原因,使今天的全球环境出现了三个方面的重大问

① 倪轩,李鸣峰编著,《海洋环境保护法知识》,北京:中国经济出版社1987年第1版,第1页。

题,对人类的继续发展已经造成或将会造成严重不利影响。

1.2.1 全球气候变暖

地球大气温度的周期性变化是持续进行的。仅在第四纪期间(距今 200 万年)就发生了全球性四次大冰期和间冰期,即显著的冷暖时期的交替。自最后一次大冰期——大理冰期(相当于欧洲的玉木冰期),在 1.2 万年前结束以来,全球气温仍在有规律地振荡着。据资料分析,近 100 多年来气温经历了冷—暖—冷—暖两次小的波动,不过总的趋势是温度上升。在 1850~1919 年间,气温降低的幅度与第二次波动相比,下降得要低,气候更为寒冷。当时两极和高山的冰盖、冰川发育,在低纬度海域也有流冰活动。1920~1949 年的增温期,全球气温比 19 世纪后半叶要高 0.3~0.4℃,冰川后退。欧洲的东阿尔卑斯山冰川,每年收缩 0.61 米,我国天山冰川退缩的幅度更大,达几百米。从 1950 年第二次波动开始至 1979 年结束,降温期持续约 30 年。在这 30 年中,全球平均气温比 20 世纪三四十年代要低 0.3℃左右。尽管此期全球气温下降,但是仍然比上一个冷期的温度要高一些。1980 年以来,气温又明显回升,全球平均气温不仅高于前两个低温期,而且高于 20 世纪三四十年代的第一次波动的增温期。20 世纪 80 年代的平均气温比 19 世纪下半叶约高 0.6℃,地质历史上的冷暖交替是自然变化的结果,近 100 多年来的气温变暖,除了自然的因素外,还有没有非自然的因素呢? 科学家特别注意到:近一段时期,虽然全球气温存在周期性的振荡,但为什么近 100 多年间温度上升得较快呢? 如果今后的 100 年也同样上升 0.6℃,或者超过 0.6℃,而达到 1~2℃,那么人类的生活环境将会是一个什么状况? 这无疑将成为人类面临的重大问题之一。

对于地球变暖有关问题的研究,早在几十年前就有学者开始进行。他们认为,由于大气污染,空气中的二氧化碳和臭氧、甲烷、氟利昂、氧化氮等气体的不断增加,会造成地球气温的升高,即所谓的"温室效应"。二氧化碳等气体即称为"温室气体"。大气中的二氧化碳等温室气体的含量虽然是微乎其微,但对地球辐射热平衡却起着很大的作用。实验证明,温室气体对地球热辐射波段为 12 500~17 000 纳米,具有很强的吸收能力。从地球辐射出来的这一长波段的辐射热,大部分会被吸收,只有很少的一部分散失到宇宙中去;而当热辐射波长在 7 000~13 000 纳米之间时,则吸收很少,有 70%~90%的长波辐射热会通过大气层散失到层外空间去,这个波段被称为"大气窗"。在正常的情况下,大气中的二氧化碳、甲烷、氧化氮、氟利昂等温室气体的含量,多处在大气窗的热辐射波段内。一旦空气中的温室气体含量增加,来自地球的辐射热就会被大气吸

4

收,大气窗慢慢地关闭了,温室效应得到增强,从而引起气温的上升。在没有人类影响的自然状态下,只要没有灾变过程的发生,大气中的温室气体含量,一般都是正常的。但这种状态,在今天是不可能的。随着工农业生产的发展和污染的加剧,温室气体大量增加。如二氧化碳主要是由煤、石油、天然气等矿物燃料(少量的,也有植物类的有机燃料)燃烧过程中释放出来的,其他还有森林火灾等。据统计,在 19 世纪 60 年代每年排放到大气中的二氧化碳不过0.9亿吨左右。到了 20 世纪 80 年代,以 1985 年为例,已达到 50 亿吨。前后仅 100 多年,二氧化碳的年排放量却增长了 50 多倍。氟利昂在大气中含量的改变更为典型,自然界本身不会生成这种气体,大气中的氟利昂全部来自工业生产。氟利昂的广泛利用也是近期的事情。其他温室气体在大气中的含量也同样存在增加的趋势。在现在的经济和社会发展条件下,若不采取有效措施,温室气体增加带来的全球变暖是不容置疑的,这一结论已被多数专家所接受。

全球变暖对人类的影响已成为目前世人共同关心的问题,是利是忧,尚难以下定论。不过,绝大多数结论认为全球变暖的后果将可能是灾难性的。概括起来,全球变暖引起的后果有五个方面。

1.2.1.1 气候带移动

全球气温上升,必然造成气候带分界的变动。据有关材料介绍,如果全球平均增温 3.5℃,北半球温带的北界平均要向北推移 5 个纬度。按照我国气候带划分的标准,以最冷月份为 0℃ 等温线作为副热带的北线,以最冷月份为 −10℃ 等温线作为暖温带的北线,在气温平均上升 3.5℃ 后,副热带将要由目前的秦岭—淮河一带移至黄河以北附近;暖温带将要由华北地区北部推到内蒙古一带。气候带的移动,在不同纬度和地区的具体情况也是不一样的。

1.2.1.2 降水变化

气候变暖,蒸发量加大,空气中的水分含量也要随着上升。全球总的降水量会增多,但是地区的分布和季节的分配各地仍然有很大差异,与现在的降水格局也不会相同。研究认为,全球变暖可能使低、高纬度地区的降水减少。

1.2.1.3 对农业生产的影响

全球增温过程及其结果,对农业生产活动的影响是多方面的。首先,增温与二氧化碳的增加有关,二氧化碳是植物光合作用的基本要素。在理想的条件

5

下,二氧化碳的增加有利于农作物的增产。相当一部分农作物,例如大豆、小麦、水稻等随空气中二氧化碳浓度的升高产量会同步增加。但二氧化碳含量增加也并非对所有农作物都能起到增产作用,例如对玉米、高粱等的增产效果就不大。其次,热量和水分是农作物生长的重要条件,全球增温既能使热资源更加充沛,植物生长季节延长,又可得到更多的降水,这些是有利的方面。但也有可能由于区域的变更,长期耕作的肥沃土地会因气候变化被放弃等不利方面。

1.2.1.4 对工业、城镇和社会生活的影响

全球增温和伴同发生的水、热条件,种植区,森林植被等自然环境的变化,势必影响工业生产布局和生产项目的安排,影响城镇的分布和发展,影响人民群众生活和人群的流向等。因为无论是工业生产,还是城乡人民的生活都需要充足的水源,否则难以生存和发展。在变暖的趋势下,各地的自然地理环境将发生或大或小的改变,比如有的预测中纬度地区降水有可能减少。降水增加的地区,虽然也有一些问题产生,但尚且不严重,如果地区降水量减少,所带来的问题将要困难得多,一些大城市和耗水量大的工业,有可能要被控制发展,甚至被政策性疏散等。

1.2.1.5 海平面上升

全球气温升高,导致两极冰盖与高山冰川消融,海平面就要上升。沿海地区会因海平面的变化而出现一系列的灾害。

1.2.2 环境污染

环境污染是近20多年来世界性的重大问题。人口的增加、工业的发展加速、大量化肥农药和化工制品的使用、油气与核能的广泛开发利用等,一方面促进了人类社会的繁荣,另一方面也给人类带来越来越严重的环境污染。其危害范围、程度及后果已由过去的区域性的天气、水源与生态的破坏,转变为温室效应、臭氧层破坏和世界海平面变化的全球性危机。污染的范围几乎遍及地球各个角落,危害之重、损失之大、影响之深远都是前所未有,使世界各国共同发出"救救地球,救救人类"的呼声。环境污染已成为人类继续发展的制约因素,尤其是对发展中国家而言。目前的主要焦点有以下方面。

1.2.2.1 大气污染

来自工业、生活燃料燃烧,有害物质挥发、蒸发,以及尘埃物质吹扬等的大

气污染,是近代一直危害人类健康的环境痛疾。在人类消费物质更加多样化的今天,空气中的有害成分更加复杂。虽然20世纪80年代以来国际组织和各国政府对防治大气污染作了努力,局部得到一些好转,但是整体上改善不大,特别是发展中国家,反而趋向严重。一些城镇终日处于烟雾缭绕之中,一些城市因空气中悬浮物质过多影响卫星拍摄导致其在卫星照片上消失。突发事件不断发生,例如1987年3月24日美国纽约西部一家金属冶炼厂喷出的毒气,迫使该地区18 000多名居民撤离,有200多人中毒住院。大气污染不仅危害人类健康,影响农业、林业、水源,腐蚀建筑物等,还破坏大气臭氧层。1985年科学家考察发现,南极上空的臭氧层已出现近于美国大陆面积的臭氧空洞,世界上其他地区也有臭氧层减薄的现象。臭氧空洞和某些地区臭氧层变薄,对人类的影响将是重大的。

相 关 链 接

表1 世界主要城市空气污染状况*

国家和地区	城市	城市人口（万人）	总悬浮颗粒物（微克/立方米）	二氧化硫（微克/立方米）	二氧化氮（微克/立方米）
中国	上海	1 450	73	53	73
	北京	1 072	89	90	122
	天津	704	125	82	50
印度	孟买	1 820	63	33	39
	德里	1 505	150	24	41
	加尔各答	1 428	128	49	34
印度尼西亚	雅加达	1 322	104	—	—
伊朗	德黑兰	731	58	209	—
日本	东京	3 520	40	18	68
	大阪	1 127	35	19	63
	横滨	337	31	100	13

* 资料来源:世界银行《世界发展指标》2005年,城市人口为2004年数据,总悬浮颗粒物为1999年数据,二氧化硫为1995～2001年数据,二氧化氮为1995～2001年数据。一为未作统计。

7

（续表）

国家和地区	城市	城市人口（万人）	总悬浮颗粒物（微克/立方米）	二氧化硫（微克/立方米）	二氧化氮（微克/立方米）
韩国	汉城	965	41	44	60
	大丘	251	50	81	62
	釜山	355	44	60	51
马来西亚	吉隆坡	141	29	24	—
菲律宾	马尼拉	1 069	39	33	—
新加坡	新加坡	433	44	20	30
泰国	曼谷	659	79	11	23
土耳其	伊斯坦布尔	971	55	120	—
	安卡拉	357	46	55	46
埃及	开罗	1 113	169	69	—
南非	开普敦	308	16	21	72
	德班	263	32	31	—
	约翰内斯堡	325	33	19	31
加拿大	多伦多	531	22	17	43
	蒙特利尔	364	19	10	42
	温哥华	219	13	14	37
墨西哥	墨西哥城	1 941	51	74	130
美国	纽约	1 872	21	26	79
	洛杉矶	1 230	34	9	74
	芝加哥	881	25	14	57
阿根廷	科尔多瓦	142	58	—	97
巴西	圣保罗	1 833	40	43	83
	里约热内卢	1 147	35	129	—
委内瑞拉	加拉加斯	291	10	33	57
保加利亚	索非亚	109	61	39	122
捷克	布拉格	117	23	14	33

（续表）

国家和地区	城市	城市人口（万人）	总悬浮颗粒物（微克/立方米）	二氧化硫（微克/立方米）	二氧化氮（微克/立方米）
法国	巴黎	982	11	14	57
德国	法兰克福	67	19	11	45
	柏林	339	22	18	26
	慕尼黑	126	20	8	53
意大利	米兰	295	30	31	248
	都灵	166	44	—	—
	罗马	335	29	—	—
荷兰	阿姆斯特丹	115	34	10	58
波兰	华沙	168	43	16	32
	罗兹	78	39	21	43
罗马尼亚	布加勒斯特	193	18	10	71
俄罗斯联邦	莫斯科	1 065	21	109	—
	鄂木斯克	113	22	20	34
西班牙	马德里	561	30	24	66
	巴塞罗那	480	35	11	43
乌克兰	基辅	267	35	14	51
英国	伦敦	851	21	25	77
	伯明翰	228	25	9	45
	曼彻斯特	223	15	26	49
澳大利亚	悉尼	439	22	28	81
	墨尔本	363	12	—	30
	帕斯	147	12	5	19
新西兰	奥克兰	115	14	3	20

1.2.2.2　水源污染

在人类生活与工业消耗淡水日益增加的情况下，水资源的不足与人类生存

9

发展需求已构成尖锐的矛盾。原本不足的淡水资源又有相当一部分受到污染，以至于其用途大为缩小，加重了淡水的危机。第四届世界水论坛提供的联合国水资源世界评估报告显示，全世界每天有数百万吨垃圾倒进河流、湖泊和小溪，每升废水会污染 8 升淡水；所有流经亚洲城市的河流均被污染；美国 40% 的水资源流域被加工食品废料、金属、肥料和杀虫剂污染；欧洲 55 条河流中仅有 5 条河流的水质勉强达到饮用的标准。

水利部副部长矫勇在 2011 年 10 月 12 日国务院新闻办就当前水利形势和水利"十二五"规划有关情况新闻发布会上表示，水资源保护和水污染防治工作仍然是国家"十二五"的重中之重。

矫勇说，我国水质的形势不容乐观，从监测的数据来看，我们国家普通用水的水质能够达到Ⅲ类水，也就是达到Ⅰ类水、Ⅱ类水、Ⅲ类水标准的水大约占 60%，还有 40% 的水是Ⅳ类或者更恶劣水质条件的水。"十一五"规划中，水质的保护目标主要包括 COD、氨氮等约束性指标不要超标。"十一五"期间，COD 和氨氮的排污总量降低了 10%。在"十一五"规划期内将减少 8%～10%。[1]

相 关 链 接

江苏盐城化工厂污染自来水 数十万人饮水受影响

2009 年 2 月，江苏省盐城市城西水源遭酚类化合物污染，两家自来水厂关闭，数十万市民的饮用水受到影响。据环保部门初步查明，盐城水污染事件是取水口上游一家化工厂偷排污水所致，污染物质含量最高时，取水口的水中含挥发酚量达到 0.2 mg/L，而正常含量为 0.002 mg/L，超标 100 倍。[2]

无锡水污染事件再次敲响水安全警钟

2007 年 5 月 29 日开始，江苏省无锡市城区的大批市民家中自来水水质突然发生变化，并伴有难闻的气味，无法饮用，市民纷纷抢购纯净水和面包。据报道，造成这次水质突然变化的原因是：入夏以来，无锡市区域内的太湖出现 50 年以来最低水位，加上天气连续高温少雨，太湖水富营养化较重，诸多因素导致蓝藻提前暴发，影响了自来水水源的水质。

---

① 引自中华人民共和国水利部官方网站。
② 摘自中国青年报 2009 年 2 月 20 日报道：江苏盐城化工厂污染自来水 数十万人饮水受影响。

1.2.2.3　城市垃圾污染

城市生活垃圾主要包括居民生活垃圾、商业垃圾、市政垃圾、建筑垃圾等。垃圾既污染环境,又影响市容景观。现在世界50万人口以上的城市有400多个,这些城市每天都在产生数量很大的垃圾。据20世纪80年代中期统计,美国每年产生城市垃圾1.93亿吨,前苏联为0.55亿吨,日本0.41亿吨,英国0.285亿吨。垃圾中有机物含量达到51%～83%。随着科学技术水平的提高,垃圾的成分也在不断发生变化,有害物质所占比例呈上升趋势。城市垃圾是环境的一大公害。

据2007年有关报道:中国约有2/3的城市陷入"垃圾围城"的困境。我国仅"城市垃圾"的年产量就近1.5亿吨。这些城市垃圾绝大部分是露天堆放,不仅影响城市景观,同时污染了对我们生命至关重要的大气、水和土壤,对城镇居民的健康构成威胁,垃圾已成为城市发展中的棘手问题。

相关链接

意大利那不勒斯垃圾处理空间不足,导致垃圾堆积如山[①]

美国微软—全国广播公司2007年5月24日报道,那不勒斯街头迄今已堆积起近3 000吨垃圾,而整个坎帕尼亚区已累积了约1.5万吨垃圾。报道说,在那不勒斯市区一些地方,垃圾袋堆到3米多高,绵延几个街区,老鼠和蟑螂遍地可见。一些比较狭窄的街道几乎完全被垃圾封堵,还有一些街道由于苍蝇成群乱飞,行人几乎无法通行。

那不勒斯著名的滨海景区也未能幸免。据报道,盛有垃圾的塑料袋漂浮在水面上;水边沙滩上随处可见各种垃圾,从尿布到塑料瓶,不计其数。

时值夏季来临,气温日高,垃圾散发出阵阵恶臭。报道说,更糟糕的是,一些居民有时竟然点火焚烧垃圾,消防人员近日来每天都要扑灭上百起火灾。美联社报道说,目前那不勒斯的空气实在令人不堪忍受。

导致那不勒斯垃圾危机发生的直接原因是垃圾场空间不足,当地已有许多居民出现眼睛灼痛和恶心等症状。当地官员呼吁民众外出时戴面具,以免吸入有害气体,同时避免接触烧死的老鼠尸体。已有一所学校因老鼠横行停课,另有多所学校也准备关闭。

---

① 邓玉山,新华社特稿,金羊网,2007-05-25。

1.2.3 生态破坏

生态环境恶化是全球环境重大问题之一。在人类过度开发、不合理利用和掠夺资源和占用环境的空间的情况下,生态环境原有的自然平衡遭到破坏,或者在人的影响下,自然灾害过程进一步加速。首当其冲的是那些生态脆弱的地区。

1.2.3.1 干旱和半干旱地区的沙漠化

沙漠化是指"干燥、半干燥和半湿润干旱地区的土地退化现象"。现在沙漠化已影响到世界六分之一的人口和约为 2 亿多公顷的土地,沙漠化土地占世界陆地总面积的四分之一。生活在这些地区的群众,获得水源和其他生活资料非常困难。我国沙漠和沙漠化的面积约为 153.3 万平方千米,占国土面积的15.9%,超过全国耕地面积的总和。这对于人均只有一亩多土地的我国,不能不说是极大的灾难。

1.2.3.2 森林砍伐或其他因素的毁林

森林和林地拥有丰富的生态系统和生物多样性,考察资料认为:世界热带雨林仅占据地球陆地面积的 6%,却至少拥有地球上一半以上的物种数,物种数量估计在 500 万~3 000 万之间。森林和林地还起着调节气候、保持水土和蓄存资源的作用。但由于认识、需要和自然上的原因,森林一直受到破坏,林地面积一直在缩小。例如在过去热带森林有 15 亿~16 亿公顷,而目前只剩下约 9亿公顷,有人测算,每年消失的热带森林面积在 760 万~1 000 万公顷之间。假如目前的情况继续下去,不久的将来,世界的原始热带雨林,除扎伊尔盆地、巴西的亚马孙河流域、南美北部的圭亚那和新几内亚岛等部分地区外,将所余无几。

1.2.3.3 土壤流失与退化

土壤流失与退化,在近几十年呈现加剧之势。截至 20 世纪 70 年代末,美国大约有 1/3 的农田土坡侵蚀速度超过了土壤的形成速度;为治理土壤的退化,加拿大每年投资约 10 亿美元;印度农田土壤侵蚀的数量,大约要占耕地总面积的25%~30%。联合国专门研究报告指出,广大发展中国家所拥有的依赖雨水的耕地面积,在今后的一个时期内将要较快地减少约 5.44 亿公顷。土壤的侵蚀与退化将严重威胁着世界农业。

讨论3:土壤流失等于人类走向死亡。

1.2.3.4 生物多样性减少

生物多样性能够为人类发展提供更多的选择机会,其经济价值是不可低估的。另外,生物多样性还对人类有着美学、伦理学、文化和科学上的意义。生物研究揭示了以下的事实:目前世界上存在的几百、几千万种生物,是过去大约 5 亿物种的幸存者。物种平均生存时间约持续 500 万年,在过去的 2 亿年间,由于自然原因,物种消亡的速度大概是每 1.11 年灭绝 1 种。由于人类活动的影响,现在物种消亡的速度大大加快,可能要高出因自然原因导致物种灭绝速度的几百倍,有的甚至达数千倍。例如,亚马孙河流域因森林砍伐造成的物种减少,据辛姆伯洛夫的研究结论,若砍伐速度得不到制止,到 2000 年,该区域的森林植物物种会有 15% 行将灭绝;如果森林区只剩下目前的保护范围,则 60% 的植物物种和 69% 的鸟类物种都要消失。

无论是生物多样性的减少,还是上述的温室效应、污染、沙漠化、臭氧层破坏等等,都是 20 世纪全球环境的重大变化和显著事件,它们必将对人类的未来发展产生极为深刻的影响。

1.3 海洋环境问题

海洋是全球最大的地理区域,海洋环境在全球环境中占有重要地位。全球环境整体的变化无不影响或表现在海洋上,其中有一些还是以海洋为主体产生的。当代海洋环境问题中引起国际社会特别关注的有四个。

1.3.1 海平面上升

由于全球气候振荡和温室效应等原因所引起的海平面上升,已对人类,特别是沿海地区造成普遍威胁。联合国环境规划署发布的《当前全球环境状况》和他们的许多资料及专题报告中,都着重强调了这一问题,一时间也使得一些沿海低平原和海岛国家的人民产生某种恐慌。

根据过去 100 年的验潮资料,全球海平面平均每年以 1~2 毫米的幅度上升。我国的沿海海洋验潮站资料,也同样呈现这种变化速度,每年 1.5 毫米左右。虽然海平面上升的速度是缓慢的,但持续一个较长时期的累积,数量还是相当大的。海平面上升的影响至少有五个方面。

(1)淹没沿海低地和海拔较低的岛屿。世界人口大约有 3% 居住在海拔不到 1 米的沿海低平原区域,在这个地区每年约有 3 000 万人口遭受风暴潮灾害的袭击。如果海平面上升 1 米,在地壳稳定的情况下,这个区域将要被海水淹没,以现有的世界总人口计算,无家可归的人数也将有 1.5 亿以上。所形成的局面是相当可怕的。

(2)洪涝和风暴潮灾害加剧。沿海低平原海湾和河口地区,由于地势较低,其抵御洪涝、风暴潮增水和海水侵入基本上都是靠工程设施、建筑堤坝和围堤,其高度和抗御强度都是以现在的水文条件等设计的。假若海平面上升,其性能和安全性必然降低,如天津海河拦潮闸建成 30 多年,在此期间该地海平面上升与地面下沉相结合,累计达到 1.05 米,那么现在的闸门高度已不能够挡潮。再如黄浦江外滩防洪墙,其标高是按千年一遇的标准修建的,若海平面上升 0.5米,则降为百年一遇。如此潮灾和洪涝灾的加剧是自然的。

(3)增加排污、排水的困难。海平面上升会使现有的市政排污、排水工程设计标高降低,造成沟渠或管道排放困难,甚者会排不出去而至海水倒灌。

(4)港口功能减弱。港口或其他工程设施,在海平面上升过程中,其功能和使用性能不断下降,如码头离水面高度,会因海面上升而降低,原来具有的船舶停靠的安全性随之降低等。

(5)海平面上升还将伴随发生其他危害,例如邻海土地盐碱化、地下水盐化、生态环境变迁等问题。

1.3.2 海岸侵蚀

海岸侵蚀是沿海各地区海岸普遍经历的过程。据报道,世界沿海有 70% 以上的砂质海岸正在或已经遭受侵蚀破坏。侵蚀的危害后果是多方面的,不仅会吞没大量的滨海土地和良田,还会毁掉众多的设施(包括公路、铁路、桥梁、堤坝、建筑物、养殖场、军事工程等),甚至逼迫一些城镇、村庄搬迁,损失是大的。

我国受到的海岸侵蚀也很严重,从南到北,不论是大陆海岸,还是海岛岸线都有侵蚀发生,既有砂质海岸,也有基岩海岸。砂质海岸的侵蚀及后果尤其严重,例如苏北滨海县废黄河口岸段,自 1855 年黄河北徙山东入海后,泥沙的输送补充断绝,海岸与海底的地形重新塑造,侵蚀急速发生发展,经过 100 多年的时间,岸段被海水侵蚀后退了 20 多千米。基岩海岸尽管组成物质比较坚硬,有一定的抗冲刷能力,但在长时间强大的波浪与海流作用下,侵蚀崩坍后退现象也不可避免。沿海各地分布的海蚀崖、倒石堆及其他海蚀地形地貌就是侵蚀发生的证明,例如北黄海的青堆子湾、常江澳、小窑湾、大连湾和辽东湾的锦州湾、太平湾、蓝家口湾、复州湾、营城子湾等处,都广泛地分布着侵蚀后退的陡崖、崖前倒石堆和各类侵蚀平台、海蚀洞、海蚀穴、海蚀柱等海蚀地貌。其中包含规模比较大的侵蚀发生,如常江澳的大门咀子,由于侵蚀强烈,形成数千平方米的倒石堆等。

海岸侵蚀在我国的危害主要有五个方面:①吞没大片陆地,导致房屋建筑崩坍入海,给人民生命财产带来损失。这种例子数不胜数,如东海鳄鱼屿,该岛原有面积 0.24 平方千米,经多年强浪流冲刷,蚀掉了 41%,现只有 0.14 平方千米。②破坏海岸公路、桥梁、海底电缆管道。如辽宁田家崴子距海岸 4 米的公路,由于人为因素 1969 年开始发生侵蚀,之后的 8 年间,该处海岸后退 15 米,公路被冲掉一段;厦门岛东海岸,1986 年一次风暴潮巨浪袭击,冲垮沿海公路200 多米等。③毁坏海堤、防潮堤、防护林带及各种护岸工程。1983 年大连附近岸段,大浪冲毁防潮堤坝 221 处,长达 19 300 米,淹没良田百万公顷,损失1 271万元等。④加剧港口与航道淤积。侵蚀的沉积物,往往随沿岸流被挟带进入港池和航道沉积下来,使之淤积变浅,阻碍船只的航行。海南清澜港的淤积就属此类情况,其他如塘沽港、连云港等港口也属这类问题。⑤破坏沿岸景观旅游资源。诸如沿岸防护林带、炮台、古城墙、古建筑、优美的地貌景观和浴场等,被海浪、海流冲刷后遭到严重损坏甚至消失,从而失去原有价值,在秦皇岛、辽东半岛、厦门岛等地都有这类状况的发生。总之,海岸侵蚀已成为我国不容忽视的海洋环境灾害。

1.3.3 海洋污染

海洋是人类生产、生活过程中所产生的废物、废水的最终归宿。能够进入海洋并威胁海洋环境健康的物质来源种类繁多:城市污水和工业与生活垃圾、农药、化肥及农业废物,船舶、飞机及海上设施的废物排放和有害物质,放射性物质及军事活动所产生的污染物质等等。进入海洋的污染物正在急速地增加着,每年到底有多少有害成分进入海洋,要准确无误地回答是一个十分困难的问题。因为污染物进入海洋的渠道、方式、物态、种类等过于复杂,在基础资料尚且难以获得的情况下,对其的计算和统计当然也就难以做到。

据研究,全球海洋每年接纳的污染物数量非常之大:①石油类。保守估计为几百万吨,也有资料认为高达 1 000 万吨,其中通过河流和管道排入海洋的约500 万吨,通过船舶排入的 50 万～100 万吨,海上油田溢入海里的为 100 万吨等。②重金属类。包括汞、铅、铜、镉等,主要污染源是工业污水和矿山污泥与废水,其中汞每年入海量达 1 万吨之多,铅、铜、镉等的数量,少则几十万吨,多则数百万吨。③农药类。目前人工合成的农药已有数百种,使用极为普遍,虽然提倡使用无毒或低残毒农药,但并不能都达到要求,因此每年入海的有毒农药量还是比较大的。④放射性物质类。来自核试验的散落物、直接向海洋倾倒核废料等,例如1993年俄罗斯就向日本海倾倒了大量的核废料;另外,海上活动的核潜艇和核动力舰只也有放射性废物的排放,如有海难事故的发生,泄漏量将会非常大,美国和前苏联已有几条核潜艇失事,每条艇上都载有数百万居里的核裂变物,后果是严重的。⑤有机物和营养盐类。造成海洋污染的有机质和营养盐,来自工业、生活和农业污水,在每年数十亿吨的污水中,仅美国沿海城市通过粪便进入海洋的有机磷就达9万吨左右,其世界总量更是大得多。

除上述污染海洋的因素外,还有热污染和固体物质污染等。我国邻近海域污染,在近二十几年来也有发展的迹象,特别是近海的河口、海湾区域,有的还比较严重。根据20世纪80年代的资料,我国沿海工矿企业有5万多家,主要污染有280多处,每年排入海洋的工业污水有38.9亿吨,生活污水16.8万吨,入海的污水量可达55亿多吨;90年代各种污水入海量增加到100亿吨以上;2000年陆源排量达到221亿吨,2005年陆源排量超过317亿吨,污染物入海量达2 534多万吨,陆源排量平均不到十年就翻一番。八成以上的入海排污口超标排放污染物。

相关链接

我国海洋环境污染的现状①

目前,我国的海洋环境,总的来看,基本上还是处于良好状态。但在某些沿岸的海湾、河口及局部海域,如大连湾、辽河口、锦州湾、渤海湾、莱州湾和胶州湾等,环境污染比较严重;某些海洋水产资源衰落,渔获量减少,少数珍贵海产品受损,一些海洋水产资源质量受到影响;部分滩涂荒废,滨海环境遭到损害。就海区而言,渤海沿岸污染较严重,东海和黄海次之,南海污染较轻。

我国沿海各种类型的污染源主要有200多处,渤、黄海沿岸有100多处,东、南海沿岸100处左右。这些污染源排放入海的重要污染物,有石油烃、重金属污染物及有机物污染物。河流携带,是污染物入海的主要途径。

(1)石油污染:中国沿海石油污染比较严重,石油是各种污染物中入海量最大的一种。石油污染对海洋生物资源危害极大,石油在水面容易形成薄膜,阻止海一气交换,使海水中的溶解氧减少,故石油污染能引起大面积的缺氧现象。

---

① 摘自李耀臻的《大学生必读》(2006年9月)。

油膜、油块能粘住大量鱼卵和幼鱼,使其窒息死亡;能使孵化的幼鱼畸形,导致鱼、贝蓄积某些致癌物质。

我国沿海石油污染面积约 12 万平方千米。相对而言,渤海和东海油污染比较严重,分别占石油排放入海量的 34% 和 33%;南海占 19%;黄海最少,占 14%。渤海石油污染面积约 4 万平方千米,其中:辽东湾为 1.8 万平方千米,石油浓度(几何均值,下同)为 0.049 mg/L;渤海湾为 0.9 万平方千米,石油浓度为 0.050 mg/L;莱州湾为 0.6 万平方千米,石油浓度 0.059 mg/L;渤海中部海域为 0.7 万平方千米,石油浓度 0.041 mg/L。可见,渤海湾和莱州湾的石油污染比较严重,而辽东湾的污染面积最大。

黄海的石油污染面积为 2.6 万平方千米,北黄海的石油浓度为 0.059 mg/L;南黄海北部石油浓度为 0.052 mg/L;南黄海南部石油浓度为 0.026 mg/L;大连湾和胶州湾石油浓度分别为 0.085 mg/L 和 0.062 mg/L。表明北黄海污染程度较重,尤以大连湾最为突出;南黄海以胶州湾石油污染较重。

东海石油污染面积约 3.4 万平方千米,其中长江口至杭州湾一带的石油浓度为 0.059 mg/L;浙南至闽东一带石油浓度为 0.078 mg/L。东海石油污染以浙南至闽东一带较重,而污染范围则以长江口至杭州湾一带为广。

南海石油污染面积约 1.7 万平方千米。珠江口一带的石油浓度为 0.055 mg/L,粤西沿岸石油浓度为 0.052 mg/L。因此,珠江口附近石油污染程度略重于粤西沿岸,而粤西沿岸石油污染范围较大。

(2)重金属污染:主要指汞、镉、铅污染等。我国沿海汞的主要污染源有 60 多处,尤以长江、珠江、鸭绿江、五里河等为主。汞以排放入东海的量最大,其次为南海和黄海,渤海最少。但汞的平均浓度以东海最高,渤海次之,南海最低。渤海以辽东湾汞的浓度最高,均值为 0.05 μg/L;渤海其他海域的汞的浓度为 0.01 μg/L 左右。锦州湾、辽河口等是渤海汞浓度较高的地区。北黄海、南黄海北部和南部汞浓度分别为 0.04、0.02 和 0.01 μg/L,大连湾和胶州湾为 0.02 μg/L。黄海以鸭绿江口汞浓度较高。东海汞浓度为 0.01～0.23 μg/L,长江口至杭州湾一带为 0.07 μg/L,浙南至闽东一带为 0.04 μg/L,南海汞浓度为 0.02 μg/L。我国沿海镉的主要污染源也有 60 多处。镉也以河流携带入为主,珠江、长江、滦河和漠阳江所携带入的镉占总量的 80%,镉以排放入南海的量为最大。整个中国沿海,镉的浓度范围为 0.02～0.45 μg/L,平均浓度为 0.10 μg/L,以南海最高,东海最低。渤海中以辽东湾和渤海湾浓度较高,黄海以大连湾较高。

我国沿海铅的主要污染源有 80 多处。以流入南海的排污量最大,约占总量的 60%;东海和渤海次之;黄海最少。铅的入海途径也主要靠河流携带。中国近海表层水中铅的浓度为 $0.05\sim51.44$ μg/L,平均值为 1.60 μg/L。其中:渤海铅浓度平均值为 2.95 μg/L,黄海铅浓度平均值为 1.34 μg/L,东海铅浓度平均值低于分析方法的最低检出限,但浙江南部曾达 $10\sim30$ μg/L,南海铅浓度平均值为 7.68 μg/L,珠江口铅浓度平均值高达 150 μg/L,为中国近海铅浓度最高区,粤西沿海铅浓度平均值为 4.85 μg/L。

(3)有机物污染:海水的有机物污染通常可用化学耗氧量(COD)衡量。主要有机物污染源在我国沿海有 150 多处。每年入海的有机物以 COD 计,达 700 多万吨。其中,流入东海的约占 50%,其余一半分别流入渤、黄、南海。河流也是有机物排污入海的主要途径。渤海 COD 的平均值较高,为 1.63 mg/L。其中,又以莱州湾最高,达 2.08 mg/L;其次是辽东湾;渤海中部最低。莱州湾沿岸、辽东湾北部和滦河口等地 COD 已达"标准",有些已超标,如辽河口 COD 达 1.0 mg/L。黄海 COD 平均为 1.0 mg/L,其中大连湾高于黄海其他海域,鸭绿江口、北黄海沿岸和江苏近海局部地区,也有超标现象。东海 COD 值较低,约 0.89 mg/L。长江口杭州湾一带,稍高于浙南至闽东沿海。南海 COD 无一超标现象,平均值最低,为 0.45 mg/L。

总之,石油是中国近海最主要的污染物,东海近岸和渤海是石油污染的两个严重区。重金属污染,从总体来看并不严重,但在辽东湾北部、鸭绿江口、珠江口等局部海域,浓度较高,应引起注意。至于有机物污染,在我国渤海及某些海湾,有明显反映,COD 值有自南向北增高的趋势。

倾倒的海上废物数量也在增长。目前我国经过审批的倾倒面积约有 5 000 万平方米,未经批准而倒入海里的海上废物数量不算少,如沿海城市堆放在滨海的垃圾,在坡流和潮水的冲荡下大量进入海里等。

作为自然界的水体,海洋较之陆地上的江河湖泊要庞大得多,就其对污染物的承纳能力来说两者也极为悬殊。但海洋承受污染损害的能力绝不是无限的,尤其是脆弱地区的海岸带和近海。近海的众多海湾,一般都有不同程度的封闭性,由于水体交换能力相对较差,其稀释扩散与降解作用,大大低于开阔的海域,因此,以陆源污染物为主的大量污染物进入海湾后,会长期停滞在海湾之中,使水质、底质等遭受污染,久而久之不仅会破坏生态环境、生态系统,使生物资源衰减,严重者甚至会使生物绝迹,而且直接破坏区域的自然景观和空间资源。水质的变差、变坏,导致了一系列污染灾害的发生,损失惨重,影响深远。

討论4:环境污染影响有多远?

1.3.4 海洋生态环境恶化

海洋生态环境是海洋生物存在、发展和海洋生物多样性保持的基本条件。海洋生态环境的任何变化都可能或强或弱地影响海洋生态系统,导致海洋生物资源发生变动。

一段时间以来,海洋生态环境恶化的趋向,受到各沿海国家的重视。为改善海洋生态条件,相关国家也曾采取了一些措施。然而海洋资源与空间的开发利用,已成为各沿海国海洋工作的重点。在对海洋的态度上,保护多服从于开发,所以,在海洋开发日益扩大的情况下,生态环境的破坏越来越严重。主要表现在:

一是某些河口、海湾生态系统瓦解或消失。由于受到污染和海洋工程的建设,像围垦、筑堤修坝、砍伐红树林、采挖珊瑚礁,使特定的生态环境完全改变,生态系统也随之变化或瓦解,如红树林的砍伐与围垦、珊瑚礁的采挖与炸礁、河口修筑拦河坝等,都会发生海域特定生态系统的消亡。

二是海岸带与近海生物的资源量和生态多样性降低。因生态环境被破坏而造成生物资源量减少和多样性下降的事例,在世界近海和海岸带可以说比比皆是。例如,沿岸与河口湿地生物资源量的减少,沿海湿地是多种水鸟、海洋哺乳动物和濒危生物的重要生态环境。湿地的生产力和近岸性对渔业经济、商业和娱乐活动特别重要。据研究,大西洋和墨西哥湾沿岸海域,大约有三分之二的经济鱼种,在它们生命过程中的某些阶段必须依赖湿地环境。同时,这些湿地又是虾类、贝类、鳍脚类等动物索饵和隐蔽的场所。因此,沿岸与河口湿地是海洋中的高生产力区域。但由于各种原因,不断遭到破坏,仅其面积缩小就很惊人,在 20 世纪 50～70 年代期间,美国的河口湿地面积减少了约 1.5 万公顷。又如,海藻生态环境的破坏,海藻群落广泛分布在温带和热带沿岸水域,海藻丛生,为各种鱼类和其他生物提供了良好的栖息地,在阿拉伯湾每公顷海藻丛,每年可以满足 850 千克小虾的生长所需,如果是热带、亚热带区域,海藻丛又同红树林、珊瑚礁群混生在一起,形成海洋生物繁殖、发育更为优越的环境,不同生长阶段的动物为觅食和寻求保护,就能够从一种生境迁移到另一种生境中去。对海藻的威胁主要来自挖泥船、围填海工程、捕捞使用的底层拖网和排钩以及污染等。据资料报道,世界各海区海藻丛受损比较严重,西澳大利亚科克本海的海藻在从 1954 至 1978 年的 20 多年里损坏了近五分之一。无论是沼泽湿地和海藻生境破坏,还是其他海洋生境破坏,很自然地会使海域生物资源量减少和生物多样性下降。

三是生境恶化致使偶发灾害事故增多。近海生态环境变差也诱发其他海洋环境灾害,其与诱发的本质因素与所发生的灾害之间,彼此又互为因果,只是我们这里讨论的主体是生态环境恶化带来的问题。由于生态环境恶化而酿成的突发性灾害事故很多,如溢油事故。随着海运中的油轮大型化,油轮触礁、碰撞溢油的事件增多,例如1989年3月24日美国"瓦尔迪兹"号油船,在阿拉斯加州近海触礁,24万桶原油流入威廉王子湾,形成宽1千米、长8千米的油带,在风浪作用下,大量原油被冲到沿岸,覆盖在海滩、沼泽地、岩石上,波及范围长1 280多千米。溢油破坏了该区域的生境,使渔业生产损失0.5亿~1亿美元,海洋动物受害十分严重,有3.3万只海鸟死亡,包括海燕、海鸠、海鹦等,生活在溢油区域的1.3万只海獭,死亡993只,19只海鲸相继死亡,不少海狗、海狮、鲱鱼、绿鳕及其他的鱼类大批中毒死亡。另外,栖息在潮间带的海螺、甲壳动物、海藻和海星等中毒窒息。该事件的发生不仅造成了很大的生态损失,而且使威廉王子湾的生境很难在一段时间内恢复。

四是近海海区富营养化,赤潮现象频频发生。赤潮是全球海洋的一种灾害,多造成较大的生态和经济损失,赤潮产生的原因是多种多样的,但海域富营养化是导致赤潮发生的基本条件。赤潮发生初期,由于植物的光合作用,水体中的叶绿素a、溶解氧、化学耗氧量都要升高,pH也要产生异常,造成水体环境因子的改变,海洋生物的结构发生变化,原有生态平衡被打破。赤潮的出现会进一步破坏海洋生态平衡。如1964年年底美国佛罗里达州西海岸发生赤潮,使大批鱼、虾、海龟、蟹和牡蛎等死亡,冲到海滩上的死鱼,长达37千米。赤潮发生后相当长的一段时间,海域的生态系统难以恢复。赤潮还直接危害人体健康。从20世纪70年代以来的资料看,赤潮毒素致人死亡的事件,几乎年年都有发生,据统计,至1978年世界因食含赤潮毒素的贝类而中毒的事件有300余起,死亡人数达200多人。未有记录的中毒死亡人数,肯定还要大得多。

近年来,海上倾倒造成的损害事故在我国不断发生,如1988年大窑湾建港工程违法倾倒淤泥,使大孤山、湾里、满家滩等地30多平方千米的水域水质变坏,该区域的养殖场共计减产8.4万吨,直接经济损失达3 600万元;1992年在我国香港珠江口外伶仃岛一带海域倾倒废弃物,致使该海域一时无鱼可捕,污泥漂散到附近海水养殖区,引起大量鱼、贝死亡,仅网箱养鱼致死量就达1 000吨,损失900万元。

2005年我国近岸海域生态环境处于不健康或亚健康状态的区域超过70%;自20世纪70年代以来,累计滨海湿地面积减少50%,红树林面积减少37%,珊瑚礁面积减少80%;海水养殖环境不容乐观。51%的增养殖海水中无机氮和活性磷酸盐的含量超过二类海水水质标准,90%以上的贝类受到不同程度的污染;赤潮灾害频发。大面积赤潮和有毒赤潮明显增加,2001~2005年全海域共发生赤潮 453 次,累计受害面积超过 9 万平方千米;仅 2006 年上半年就发生赤潮 73 起。

1.4 中国海洋环境状况

中国拥有 18 000 多千米的大陆岸线,沿海岛屿 6 500 多个,依照《联合国海洋法公约》中 200 海里专属经济区制度和大陆架制度的规定,中国可拥有约 300 万平方千米的管辖海域。

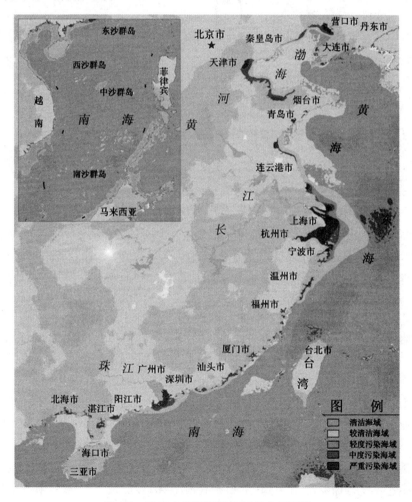

图 1-1 2008 年我国污染海域分布示意图

中国沿海地区人口最为集中,经济最为发达,对海岸带和海洋环境造成较大压力。保护海洋环境,促进沿海地区社会经济与海岸带和海洋环境的协调发展是中国政府面临的一项重要任务。

近几年,我国海洋环境恶化的势头得到了一定程度的控制,总体污染趋势有所减缓,但局部海域生态环境恶化的趋势至今未得到有效的遏制,我国海洋生态环境仍面临严峻形势。

据《2010 年全国海洋环境状况公报》显示:

18 个海洋生态监控区中,处于健康、亚健康和不健康状态的海洋生态监控区分别占 14%、76% 和 10%。

117 个入海排污口全年 4 次监测均达标,129 个排污口全年 4 次监测均超标排污。

88 个排污口邻近海域水质不能满足所在海洋功能区水质要求,36 个排污口邻近海域沉积物质量不能满足所在海洋功能区沉积物质量要求。

1.4.1 海洋环境质量总体较好

2010 年,我国管辖海域海水环境质量状况总体较好。夏季符合第一类海水水质标准的海域面积约占我国管辖海域面积的 94%。近岸局部海域水质劣于第四类海水水质标准的面积约 4.8 万平方千米,主要超标物质是无机氮、活性磷酸盐和石油类。其他季节,渤海和黄海海水中无机氮、活性磷酸盐含量比夏季略有升高,东海和南海海水水质基本稳定。

近岸海域沉积物质量状况总体良好,监测指标符合第一类海洋沉积物质量标准的站位比例均在 91% 以上。

2010 年,总面积达 6.4 万平方千米的 18 个海洋生态监控区中,处于健康、亚健康和不健康状态的海洋生态监控区分别占 14%、76% 和 10%。监测的典型河口生态系统均呈亚健康状态,与 2009 年相比基本保持稳定;监测的典型海湾生态系统多数呈亚健康状态,与 2009 年相比,健康状况总体略有好转;部分海湾富营养化程度较高、氮磷比失衡,生物群落总体状况较差;苏北浅滩涂湿地处于亚健康状态,生物群落总体状况较差,浮游动物和鱼卵仔鱼密度偏低;监测的典型珊瑚礁生态系统总体呈亚健康状态,总体呈退化趋势,部分海域仍存在珊瑚礁白化现象,硬珊瑚补充量较低,造礁石珊瑚种类明显减少;监测的典型红树林生态系统健康状况与 2009 年相比有所下降;监测的典型海草床生态系统健康状况总体较好,与 2009 年相比健康状况基本保持稳定。

1.4.2 海洋功能区基本满足使用

2010 年,66 个海水增养殖区的监测结果显示,海水增养殖区环境质量基本满足养殖活动要求,综合环境质量等级为优良、较好和及格的比例分别为 55%、30% 和 15%。

2010 年,国家海洋局在游泳季节对全国沿海 23 个重点海水浴场开展监测,并通过多家媒体发布海水浴场水质状况、游泳适宜度和最佳游泳时段等监测与预报信息。23 个重点海水浴场中有 12 个浴场每日水质等级均为优或良;重点海水浴场适宜和较适宜游泳的天数比例为 77%,与往年相比适宜游泳的天数比例明显偏低。

滨海旅游度假区的环境状况方面,重点监测的滨海旅游度假区平均水质指数为 4.3,达到优良程度,监测时段内水质为良好及以上的天数占 93%;平均海面状况指数为 3.8,海面状况优良;综合环境质量优良,平均休闲(观光)活动指数为 3.7,很适宜开展海钓、海滨观光和沙滩娱乐等多种休闲(观光)活动。

海洋保护区的水质和沉积物质量基本满足功能区环境保护要求,主要保护对象和保护目标基本保持稳定。

1.4.3 入海排污口邻近海域环境堪忧

2010 年 3 月、5 月、8 月、10 月对入海排污口排污状况的监测结果显示,入海排污口达标排放次数占全年监测总次数的比例为 46%。其中,117 个入海排污口全年 4 次监测均达标,但仍有 129 个排污口全年 4 次监测均超标排污。入海排污口邻近海域环境质量总体状况仍然较差,与上年相比未见明显改善。其中,88 个排污口邻近海域水质不能满足所在海洋功能区水质要求,36 个排污口邻近海域沉积物质量不能满足所在海洋功能区沉积物质量要求,共有 38 个排污口邻近海域采集到贝类样品,其中 24 个排污口邻近海域贝类生物质量不能满足所在海洋功能区生物质量要求。

海面漂浮垃圾、海滩垃圾和海底垃圾的分类结果都显示,塑料类垃圾数量最多。70% 的海滩垃圾和 59% 的海面漂浮垃圾来源于人类海岸活动,其他则来源于航运和捕鱼等海上活动以及与吸烟相关的垃圾。

1.4.4 海洋环境灾害频发

2010 年,全海域共发现赤潮 69 次,累积面积 1.089 2 万平方千米。东海赤潮规模仍然最大,发现次数和累积面积分别为 39 次和 6 374 平方千米。引发赤潮的生物共 19 种,东海原甲藻引发的赤潮累积面积最大,其次为隐藻。东海原甲藻和中肋骨条藻赤潮集中发生在浙江和福建沿岸海域;夜光藻赤潮主要发生在天津和厦门附近海域;隐藻赤潮发生在河北秦皇岛至辽宁绥中附近海域。

2010 年 7 月,中石油大连新港石油储备库输油管道发生爆炸,大量原油泄漏入海,导致局部海域受到严重污染,对沿岸海水浴场和滨海旅游景区、自然保护区等敏感海洋功能区产生影响。事件发生后,国家海洋局及时指导与协助地方政府开展应急处置和监视监测工作,在各方通力协作与不懈努力下,海上溢油得到迅速控制和有效处置,最大限度地减轻了对海洋环境的污染。至 9 月 7 日,事故海域水体中石油类含量基本降至事发前水平,长山列岛海珍品养殖基地未受到油污影响,溢油未进入渤海和公海。

1.4.5 海—气二氧化碳交换通量监测体系建设稳步推进

2010 年,国家海洋局继续深入推进我国海—气二氧化碳交换通量监测工作。

目前,我国海—气二氧化碳交换通量监测体系已布设 20 余条船基走航监测断面,正在建设 5 个岸/岛基站和 5 个浮标站,初步构成了点、线、面结合,断面走航监测与长时间序列点监测相结合的立体化监测体系。

在进一步加强并完善监测体系硬件建设的同时,为确保海—气二氧化碳交换通量监测业务体系监测数据的质量及可比性,2010 年组织开展了系统质量保证与质量控制工作。同时,积极开展与国内外相关科研机构、大专院校的交流合作,建立了广泛的合作关系和交流机制。

中国海洋环境深度报告:可持续发展面临四大危机

七大生态问题突显,环境形势不容乐观。我国海洋生态系统具有明显的地区性和封闭性特征,生态系统和生物多样性脆弱性明显。过去 30 年,我国沿海区域经济和海洋经济基本上沿袭了以规模扩张为主的外延式增长模式,使得近海海洋生态系统受到严重威胁。与 20 世纪 80 年代初相比,我国海洋生态与环境问题在类型、规模、结构、性质等方面都发生了深刻的变化。环境、生态、灾害和资源四大生态环境问题共存,并且相互叠加、相互影响,呈现出异于发达国家传统的海洋生态环境问题特征,表现出明显的系统性、区域性和复合性。

尽管我国政府开始高度重视海洋环境与生态的保护工作,采取多种措施积极防治,也取得了一定的成效。但与陆地生态环境保护相比,海洋环境与生态保护工作还比较薄弱。随着国家新一轮沿海地区发展战略的实施,我国海洋可持续发展面临着新的形势和挑战。

1. 海洋生态系统严重退化

海洋生态系统包括滨海湿地、河口、海湾、珊瑚礁、红树林等,生态价值巨大,为我国经济社会发展提供多种资源。然而,污染、大规模围海造地、外来物种入侵导致滨海湿地大量丧失,我国近岸海洋生态系统严重退化。2010年监测结果表明:处于健康、亚健康和不健康状态的海洋生态监控区分别占14%、76%和10%。据初步估算,与20世纪50年代相比,我国滨海湿地累计丧失57%,红树林面积丧失73%,珊瑚礁面积减少了80%,2/3以上海岸遭受侵蚀,沙质海岸侵蚀岸线已逾2 500千米,外来物种的入侵使得我国海洋生物多样性和珍稀濒危物种日趋减少。

2. 海洋生态灾害频发

自20世纪90年代末以来,我国近海的赤潮、绿潮、水母旺发等灾害性生态异常现象频频出现,为我国近海的生态安全敲响了警钟。

21世纪以来,无论是发生频次还是涉及海域面积,我国的赤潮灾害都在骤增。2001~2009年,赤潮发生次数和累计面积均为20世纪90年代的3.4倍。从多年的趋势上看,赤潮的发生有从局部海域向全部近岸海域扩展的趋势。

2000年以来,我国近海无经济价值的大型水母数量开始呈现明显的上升趋势,水母旺发有可能对渔业资源产生不利影响。2007年开始,黄海海域连续出现浒苔形成的大规模绿潮。另外,随着我国运输量和船舶密度的增加,发生灾难性船舶事故的风险逐渐增大。同时,海上油气开采规模的扩大也增加了溢油灾害的风险。

3. 陆源入海污染严重

江河携带污染物入海和陆源入海排污口排污已成为影响我国近岸海洋环境质量的主要原因。《2010年我国海洋环境状况公报》显示,2010年河流携带的化学需氧量、氨氮和总磷入海量较上年明显增加;监测的入海排污口主要污染物的达标率均有所提高;入海排污口邻近海域环境质量状况未见明显改善,部分排污口邻近海域环境质量较差。"十一五"期间,长江、珠江、钱塘江、闽江等主要河流携带入海的污染物总量年均达千万吨以上。从近年统计数据来看,全国入海排污口排放的污染物总量呈显著下降趋势,但超过污水综合排放标准的问题仍然严重。另据全国第一次污染源普查结果表明,全国农业污染源已成为我国陆地和海洋水污染控制的突出问题。

近年来,我国近岸海域总体污染程度依然较高,近海海域污染面积居高不下,主要污染区域分布在黄海北部近岸、辽东湾、渤海湾、莱州湾、长江口、杭州湾、珠江口和部分大中城市近岸海域。这些区域大多为我国沿海经济发达地区,先污染后治理的发展之路使得这些地区背上了沉重的环境债务。

4. 海洋生态服务功能受损

自新中国成立至今,我国沿海已经历了4次围填海浪潮。特别是最近10年来,掀起了以满足城建、港口、工业建设需要的新一轮填海造地高潮。1990年～2008年,我国围填海总面积从8 241平方千米增至13 380平方千米,平均每年新增围填海面积285平方千米。据不完全统计,到2020年,我国沿海地区发展还有超过5 780平方千米的围填海需求,必将给沿海生态环境带来更为严峻的影响。

2002年1月《海域使用管理法》实施以前,围填海基本处于"无序、无度、无偿"的局面。《海域使用管理法》正式实施之后,围填海管理有所加强,但是由于地方强大的填海需求以及管理制度的不完善,监管起来仍然困难重重。

5. 渔业资源种群再生能力下降

我国近海渔业资源在20世纪60年代末进入全面开发利用期,随着海洋捕捞机动渔船的数量持续大量增加,对近海渔业资源进行过度捕捞。捕捞强度超过资源再生能力,急剧地降低了渔业生物资源量,一些传统渔业种类消失,生物多样性降低,影响到渔业资源的可持续开发利用。另外,海洋捕捞活动中的垃圾、污水对海洋环境也造成了一定的损害。

另外,鱼虾类等投饵性种类的养殖虽在海水养殖产量仅占10%左右的比例,但却是海水养殖污染的主要来源,对沿岸潮间带生态系统构成了很大的压力,直接破坏了渔业生物的产卵场和栖息地,进一步影响到渔业资源的再生能力。

6. 河口生态环境负面效应凸显

我国大型水利工程数量高居世界第一,大型水利工程导致河流入海径流和泥沙锐减,其中8条主要大河年均入海泥沙从20世纪50～70年代的约20亿吨,减至近10年的3亿～4亿吨,对河口及近海生态环境产生了显著的负面效应。

流域入海物质通量的变化导致河口三角洲侵蚀后退、土地与滨海湿地资源减少,河口生态环境发生了重大改变。发生在河口与近海的一系列生态环境恶化问题,如浮游生物组成及种群结构改变、有毒赤潮种类增加、鱼虾产卵场和孵化场的衰退或消失等,均不同程度上与大型水利工程的建设与运行密切相关。随着今后大型水利工程的持续增加,其对河口生态环境的负面效应将进一步凸显。

7. 海平面和近海水温持续升高

近30年来,我国沿海地区的海平面总体上呈波动上升的特点,年平均上升速率为2.6毫米,高于全球海平面的平均上升速率。据预测,在未来的30年中,我国沿海地区海平面的平均升高幅度为80~130 mm,其中长江三角洲、珠江三角洲、黄河三角洲、京津地区沿岸将是受海平面上升影响的主要脆弱区。与此同时,我国近海的海表温度总体呈上升趋势,这将造成重要海洋生物资源分布范围改变、红树林人工栽培范围北扩和热带海域珊瑚白化等现象,还将导致海洋生物的地理分布和物种组成格局发生改变。另外,海洋酸化将严重影响我国珊瑚礁的资源分布、食物产出和旅游产业。可以预测,未来由海平面上升、水温升高和海洋酸化等引发的各种海洋灾害的频率及强度将会有不同程度的加剧。

1.5 挑战与人类的努力

在今天,海洋环境与全球环境一样,也向人类提出了挑战。海洋环境如以当前的速度继续恶化下去,海洋作为人类社会发展的支持将是毫无前景的。为了人类社会的未来,制止海洋环境恶化、改善条件、创造持续进步的生存环境,已成为世界各国共同的任务。联合国及国际组织和各国政府与群众团体,正在做出巨大努力,保护包括海洋在内的全球环境。从1972年6月联合国人类环境会议召开以来的30余年里,联合国仅以环境与发展为主题发起组织的会议与活动就未曾中断过。值得一提的是,除1972年在瑞典举行的人类环境会议外,还有1984年10月成立的"世界环境与发展委员会",负责审议环境与发展问题,提出解决的途径和建议,推动有关的合作与交流。1987年2月世界环境与发展委员会东京会议,通过了《关于环境保护和持续发展法律原则建议》和《东京宣言》,并出版了由委员会组织编写的《我们共同的未来》。1992年6月3～14日在巴西里约热内卢召开了世界环境与发展会议。这次会议是继1972年人类环境会议之后,规模最大、级别最高、与会国家最多的一次联合国关于环境与发展的世界大会,被认为是全球环境工作开展史上的第二个里程碑。会议签署了五个文件:《关于环境与发展的里约热内卢宣言》《21世纪议程》《关于森林问题的原则声明》《联合国气候变化框架公约》《联合国生物多样性公约》,对继续发展中的环境保护、改善做出了长远规划。在全球环境对策中,海洋环境保护是作为一个主要部分加以考虑的。但海洋有其特殊性,所以,有关国际组织和沿海国家就海洋环境问题,组织开展了一系列的专题活动,并签订了防止海洋污染的国际或区域公约和法律规范,如伦敦海洋倾废会议、政府间海洋学委员会会议、第三次联合国海洋法会议等,1970年签订了《防止倾倒废物及其他物质污染海洋公约》(1972年12月29日开放签字)、《国际防止船舶造成污染公约》(1973年11月2日于伦敦)、《防止陆源物质污染海洋公约》(1974年6月4日于巴黎)、《保护波罗的海区域环境公约》(1974年3月22日签于赫尔辛基)、《保护地中海免受污染公约》(1976年2月16日签于巴塞罗那)等。20世纪80年代最为主要的是,1982年4月,联合国第三次海洋法会议在纽约联合国总部完成的《联合国海洋法公约》。该公约第12部分特别规定了"海洋环境的保护和保全",对沿海和公海区域的环境和控制、防止污染损害,提出了普遍适用的准则。在国际组织行动的同时,沿海各国也大力加强了海洋环境的治理与保护,基本上都建立了海洋环境保护的法律制度,运用法律的强制力保护海洋环境的生态平衡和健康。

综合研究国际的或个别国家的针对全球环境和海洋环境的对策和走向,可以得出以下三个显著的特点。

1.5.1 环境意识空前高涨

德国著名的古典哲学家乔治·威廉·弗里德里希·黑格尔曾有一句至理名言:"人是环境的产物"。但是近代的发展似乎忽略了人类对环境的影响,片面地追求社会物质水平的增长。对人类赖以生存的环境并未予以重视,使环境成了经济高速发展的牺牲品。一如其他历史事件,有了教训才能让人觉悟,环境问题愈演愈烈的后果,使人类不得不关注海陆环境的问题。在20世纪70年代初,一批有识之士就已指出:人类生活的两个世界——他所继承的生物圈和所创造的技术圈——业已失去了平衡,正处于潜在的深刻矛盾中。而人类正好生活在这种矛盾中间,这就是我们所面临的历史的转折点。未来的危机,较之人类任何时期所曾遇到的都更具全球性、突然性、不可避免性和不可知性。而且这种危机在我们孩子所生活的时代就将形成①。这一观点并不是主编者两个人的,而是集中了 58 个国家的科学界和政府知名人士 70 多人的主张而总结的,有着一定的代表性和时代性。20 世纪 80 年代,人们的环境觉悟和观念得到了提高,不仅看到环境污染对人类当前生活的危害,而且预见到污染对资源、大环境、人类继续发展的深远影响,从而提出了更富高度、更富远见的环境见解,如大气污染引起的全球增温、臭氧层破坏、海平面上升和生物多样性加速减少等。由于人类把环境放在更加广阔的范围、空间和历史周期里评估,因此对环境已存在和可能发生的危机能够进行更为充分的认识。1987 年世界环境与发展委员会通过的《我们共同的未来》的报告,就体现了这一精神,把环境和人类的继续发展紧密地联系起来。在该报告的总观点中,有如下一段论述:"委员会对未来的希望取决于现在就开始保护环境资源,以保证持续的人类进步和人类生存的决定性的政治行动。我们不是在预测未来,我们是在发布警告——一个立足于最新和最好科学证据的紧急警告:现在是采取保证使今世和后代得以持续生存的决策的时候了。我们没有提出一些行动的详细蓝图,而是指出一条道路,根据这条道路,世界人民可以扩大他们合作的领域。"这段话基本可以代表今天人们对环境的主导看法。

人类环境意识的提高还表现在环境保护组织和活动的加强上。首先,以环境保护为宗旨的环境组织蓬勃发展,除成立了有组织的国际环境机构外,还丛生了一些群众性的、民间的环境保护团体,如 20 世纪 80 年代已具有广泛影响的绿色和平组织等。其次,形成了以环境保护和环境问题为中心的环境外交和其他的国际合作关系。国家间、地区间和世界政治与经济事务活动,以环境改善、损害恢复和环境建设为主题,开展双边或多边的国际外交。国家的环境政策和实践,现已构成国际社会对一国政府衡量的重要标准。环境中的重大事件,如污染和资源破坏等,往往演化为国际区域外交热点问题,如两伊战争中发生的海域石油污染等。再次,地区或国家间环境的调查、监测、研究、治理、战略与预测以及环境建设等合作、协作、交流等,近期大为增加。在国际公共资金和国家资源的投入上,环境领域中的项目使用比例不断上升。还有,环境观念渗透到国家和国际的政治关系和政治生活之中,比如不少国家的政府自我标榜为环境政府,甚至在竞选中,一些政党也打出保护环境的旗帜,以赢得选民的支持。以上都表明目前世界整体环境意识的空前高涨。

---

① 巴巴拉·沃德、雷内·杜博斯主编,《只有一个地球》,石油化学工业出版社,1976 年 7 月第 1 版,第 15 页。

1.5.2 核心问题是加强管理

有效地解决环境问题的途径和方法,不论有多少,其核心都是加强环境的管理,这一点已取得共识。正如联合国环境与发展委员会的报告所说:"只有为了共同的利益,对公共资源的调查、开发和管理进行国际合作和达成协议,持续发展才能实现。但生命攸关的不仅仅是共同的生态系统和公共领域的持续发展,而且还有世界各国的持续发展,它们的发展程度的不同取决于其合理管理程度。"最近,联合国海洋保护科学问题专家组也提出了同样的看法:"防止海洋环境污染,保护海洋环境质量,持续开发海洋资源是20世纪七八十年代世界各国海洋开发的经验教训,也是21世纪国际社会追求的目标,要能达到既保护海洋,又合理开发海洋资源的目的,必须使用正确的海洋保护方法。其中沿海和近海环境保护是一个非常重要的环节。"

环境保护之所以在环境与发展中处于特别重要的地位,是由保护的属性、任务和使命决定的。对环境的一切对策、措施,不论是政治的、经济的、法律的、科学技术的,还是全球的、国家的、地区的,都必须通过一定的组织、方式方法、社会资源调配等来实现,而这一系列工作,都是环境保护的基本行为。如世界环境与发展委员会在制定"全球的变革日程"的文件中就认为,在持续发展的未来时日里,海洋的生态平衡和持续不衰的生产力将取决于海洋环境保护的进展,为此我们需要对今天的机构和政策进行彻底的变革。在这一思想下,他们提出海洋环境保护应实施的三条措施:"①海洋内在的统一性,要求一个有效的全球保护体制;②许多区域海洋的公共资源的特征,要求成立区域保护组织;③陆地活动对海洋构成的重大威胁,要求各国采取以国际合作为基础的有效的国家行动。"虽然世界环境与发展委员会论述的是公共环境领域中的保护问题,但对于全球范围或国家范围的环境,特别是海洋环境,在保护的决定性这一点上是没有差别的。

1.5.3 关键问题是资源的综合开发和循环使用

海洋资源的综合开发利用是指对海洋资源多目标的开发利用,是充分、合理地利用海洋资源的重要方式。通过综合利用不仅可提高资源的利用程度,多目标地利用资源,还可以降低开发成本,有效保护环境,并利于各部门间的发展,最终取得经济、社会、生态效益的统一。

海洋资源利用中存在总体开发不足和局部开发过度的粗放型局面,这种状况既造成近岸海域的严重污染,又存在着资源的浪费。海洋同陆地一样,既可以开发利用,又需要保护。开发利用是为了补充陆地资源的不足,满足人类社会和经济发展的现实需要,保护是为了永续利用,二者的目的是一致的。

　　沿海经济发展和海洋开发对海洋环境的影响很大,人类生存和发展需要有良好的海洋生态环境,必须实现资源的综合开发和利用,必须坚持海洋经济发展规模、速度与资源环境承载力相适应,坚持海洋资源开发利用与海洋生态环境保护相统一。

　　讨论5:关键问题是资源的综合开发和循环使用

思考题:

　　1.海洋环境的含义是什么?

　　2.全球环境有什么样的背景?

　　3.你认为当今海洋环境主要存在哪些问题?

　　4.海洋环境保护应实施的措施是什么?

　　5.试论述海洋开发利用和保护海洋环境二者的关系。

2 海洋环境污染及其危害

2.1 概 述

2.1.1 海洋环境污染

(1)"海洋环境污染"的定义[①]。

人类直接或间接把物质和能量引入海洋环境,其中包括河口湾,以致造成或可能造成损害生物资源和海洋生物,危害人类健康,妨碍包括捕鱼和海洋其他正常用途在内的各种海洋活动,损害海洋使用质量及减损环境优美等有害影响。

(2)海洋环境污染的特点。

污染源多而复杂、污染持续性强、危害性大、污染扩散范围大。

海洋污染源多,不仅有陆源污染源,如工农业污水、生活污水、倾倒工业废料和生活垃圾入海,还有海上污染源,如海水养殖、海上航行船只、油船泄漏、作业的石油平台,排放的污染物最终大都进入海洋。

(3)海洋环境污染的危害。

①损害海洋水质、污染海洋底质。水质恶化,改变环境要素,消耗溶解氧,产生有毒硫化氢,降低透光度;富营养化、引发赤潮;淤塞港口、沉积海底,二次污染。

②损害海洋生物。海洋生物缺氧死亡;有毒物质被生物富集,慢性毒害导致生物病变、畸形和死亡,影响生物组成和数量、破坏生态平衡。

③影响海洋渔业生产的发展,危及人类的食物源,食用受污染海产品,影响人类健康。

---

① 1982 年《联合国海洋法公约》。

④浮游生物死亡,海洋吸收二氧化碳能力降低,加速温室效应。

2.1.2　海洋污染物

(1)海洋污染物的分类:有机物和营养盐、石油及其产品、有机化合物、金属和酸碱、放射性物质、废热和固体废物。

(2)环境优先污染物:难降解,有生物积累性、致畸形、有毒性特点。我国水环境优先污染物共有 14 类共 68 种优先污染物。包括:卤代烃类、苯系物、氯代苯类、酚类、硝基苯类、苯胺类、多环芳烃、酞酸酯类、农药、重金属及其化合物等。

(3)海洋污染源的分类

①按排放污染物的种类,分为有机质和营养盐污染、石油污染、重金属污染、有机化合物污染、固体废物污染、热污染和放射性污染等;

②按污染的主要对象,分为大气、水体和土壤污染;

③按排放污染物的空间分布,分为点污染源、面污染源;

④按污染物的发生地点,分为陆源型、海上型和大气型。

2.2　有机物质和营养盐对海洋的污染及其危害

2.2.1　海洋有机物质和营养盐的来源和富营养化

(1)来源:主要有生活污水(如食品残渣、排泄物、洗涤剂)、农田化肥、农村家畜饲养、工业污水(如食品工业、酿造工业、造纸工业、化肥工业等)以及海水养殖。

(2)海洋环境中有机物质和营养盐污染会引起水域的富营养化。富营养化的机理是:水体中含有的过量氮、磷等植物营养元素,逐渐氧化分解,成为水中微生物和藻类所需的营养物质,使得藻类迅速生长。越来越多的藻类繁殖、死亡、腐败,引起水中氧气大量减少,使水质恶化,导致鱼虾等水生生物死亡。

水域的富营养化发生在湖泊中称为"水华",发生在海域称为"赤潮"。

(3)海洋富营养化的主要原因:人口数量迅速增加,城市规模不断扩大、生活污水越来越多,处理水平低;过度的海水养殖、农业面源污染增加。

(4)我国富营养化较严重海域主要分布在辽东湾、渤海湾、长江口、杭州湾、江苏近岸、珠江口。

(5)海洋水质中有机物质和营养盐的环境评价因子[①]。

①生化需氧量 BOD_5(mg/L):在 20℃温度下,1 升污水中的有机物在微生物的作用下,5 天内氧化分解所消耗的氧量。生化需氧量越高,表明水中有机污染物越多。

②化学耗氧量 COD(mg/L):指化学氧化剂氧化水中有机污染物时所需氧量。化学耗氧量越高,表明水中有机污染物越多。

③氮、磷:单位 mg/L。

2.2.2 海洋有机物和营养盐污染的危害

海洋有机物和营养盐促使某些生物(如赤潮生物、水葫芦等)急剧繁殖,大量耗氧;降低了海水透明度、破坏海洋正常的生态结构;促使各种细菌、病毒大量繁殖,毒害海洋生物和人类;有机物分解,大量消耗溶解氧;海水缺氧,产生有毒气体,水质变差。

2.2.3 赤潮

(1)诱发赤潮的基本原因:海域水体的富营养化,海域中存在赤潮生物种源,合适的海流作用和天气情况,适宜的水温和盐度。

(2)赤潮的危害:赤潮会危害近海水产养殖和捕捞业;赤潮生物分泌黏液,导致鱼、虾、贝窒息死亡;赤潮生物带有毒素,毒害海洋生物;缺氧引起虾、贝大量死亡;损害海洋环境(如赤潮发生后海水变色,pH 值升高,黏稠度增加,降低了水体的透明度,毒素污染海水,分泌抑制剂或毒素使其他生物死亡、衰减,赤潮消亡阶段使海域大面积缺氧,甚至处于无氧状态,同时释放出大量有害气体和毒素);危害人体健康。此外,还影响海洋旅游业。

(3)怎样判断赤潮:海水颜色异常;pH 值升高,透明度降低;海水中溶解氧白天明显增高,夜间明显降低;赤潮生物处于优势地位,数量急剧升高,达到赤潮判断标准。

(4)赤潮易发生的区域及时间:在江河口海区和沿岸、内湾海区、养殖水体比较容易发生赤潮,主要分布在渤海湾、长江口外和浙江中南部海域;赤潮易发生的时间段为 5~10 月。

(5)赤潮防治:隔离法、撒播黏土法、生物治理方法。此外,还有凝聚剂沉淀法、回收处理法、生物处理法和化学药品法(硫酸铜等)。

---

① 参见《海洋水质标准》(GB3097—1997)。

2.3 石油对海洋的污染及其危害

2.3.1 海洋中石油的来源

(1)海上石油开发:如油船、码头、修船、舱底污水、船舶事故溢油、海上油田;

(2)大气输入:如机动车的排污、石油作业中的蒸发损失;

(3)污水排海和河流携油污入海;

(4)城市含油污泥倾倒入海。

2.3.2 石油入海后的变化

石油入海后,形成油膜,并发生一系列复杂变化:扩散、蒸发、乳化、溶解、氧化和微生物分解以及沉降。

2.3.3 海洋石油污染的危害

(1)油膜阻碍阳光进入水体,抑制浮游植物的光合作用;

(2)油膜阻碍氧气进入水体,使海水缺氧;

(3)油污染物的降解和分解,消耗大量溶解氧;

(4)使海兽、海鸟失去游泳和飞行的能力;

(5)油污染物使海洋生物中毒、死亡;

(6)油污染物中的致癌物质在海洋生物体内富集,通过食物链危害人体健康;

(7)破坏海滨风景区和海滨浴场的环境。

相 关 链 接

2011年6月,开发单位康菲公司的蓬莱19-3油田作业区B平台、C平台先后发生两起溢油事故。

这次康菲漏油事故对我国海洋环境影响究竟有多大,究竟是长期影响还是短期影响,公众环境研究中心主任马军指出,首先它的时间是很长,从2011年6月4号出现了溢油的情况,它的油污不只是海面的这些油膜、分布的颗粒。海

35

底还有很多的油积泥浆。这些海底的油污多,很可能它的影响将会维持更长的时间。从短时间来看,这次漏油事故造成了劣Ⅳ类海水海域面积的扩大,劣Ⅳ类海水根本无法使用。从长期来看,在海底的油积泥浆会在较长时间里影响海洋生态环境,存在油积泥浆中的有毒物质会影响海洋生物的生存。同时当油污漂到海岸后将直接影响水产养殖业和旅游业。波及的范围同样很大,根据海洋部门监测,数千平方千米的海域受到了这种污染。同时溢油造成的油污影响海岸的范围已经从山东的蓬莱,到达了像辽宁和河北的一些海岸。在处理事故的过程中,康菲公司使用了大量的消油剂,消油剂会通过食物链影响更高层的海洋生物,对食品安全造成的不利影响将是长期的。[①]

2.4 有机化合物对海洋的污染及其危害

(1)海洋中有机化合物的来源:化工、石油化工、医药、农药、杀虫剂、除草剂。

(2)有机化合物的分类。

①按物理化学性质分:卤代烃、酚类、多环芳烃类、多氯联苯类、有机磷农药类、除草剂类、邻苯二酸酯类、有机锡类等;

②按来源分:石油和煤源类、合成有机物、城市废弃物。

海洋中的有机化合物种类繁多,目前最引人重视的两大类是:

(a)有机氯农药,有机磷农药:有机氯农药,残留时间长、不易降解、具有强富集力,已在20世纪70年代停用。有机磷农药则因毒效大、易分解,已取代有机氯农药被使用。近10年来,沿海水域已有多起因有机磷农药污染导致的鱼、虾、贝类等死亡事件。

(b)多氯联苯:主要来源于丢弃的含多氯联苯的废物以及垃圾焚烧产生的有毒气体由大气进入海洋。

(3)海洋中有机化合物污染的危害。

①易被海洋生物富集。

②毒害海洋生物:抑制浮游植物的光合作用、生长和繁殖;导致鱼、虾、贝类中毒甚至死亡;导致海鸟、海兽捕食有毒鱼虾引发中毒、死亡。

③通过食物链,毒害人类。

---

① 来源于 CCTV-2011 年 08 月 21 日经济信息联播。

2.5 重金属对海洋的污染及其危害

重金属是污染海洋环境的主要污染物之一,对海洋的污染比较明显的重金属有:汞、镉、铅、铜、锌。

重金属污染物危害:重金属污染物污染水体底泥,使其成为危险的二次污染源;重金属污染水体后,毒害海洋生物,经食物链在较高级的生物体内高富集,即人们在食用海产品后,重金属会在人体内富集,损害人体健康(如日本的水俣病是含汞废水引起,骨痛病是镉污染引起)。

2.5.1 汞对海洋的污染及其危害

(1)汞的来源:主要来源为含汞工业废水的排海、农药的流失、矿物燃料(煤、石油等)。

(2)汞的特征危害:水俣病。

"水俣病"事件:

1956 年,在日本水俣湾,新日本氮肥公司将含有水银化合物的废水排入大海,镇上的居民食用了被污染的海产品后,成年人肢体发生病变、大脑受损,妇女生下畸形婴儿。根据日本政府的一项统计,有 2 955 人患上了"水俣病",其中有 1 784 人死亡。日本最高法院 2004 年 10 月判决:日本政府向水俣湾汞中毒受害者赔偿 7 000 万日元。

水俣病病症:

发病者中渔民明显高于农民;发病时会突然表现出头疼、耳鸣、昏迷、抽搐、神志不清、手舞足蹈及行动障碍、呆痴流涎、耳聋失明、精神失常。严重者数日内死亡,轻者症状终生不退,可随时发作,只能以药物暂缓痛苦。

2.5.2 镉对海洋的污染及其危害

(1)镉的来源:主要来源为含镉工业废水的排海、镉矿渣倾倒入海。

(2)镉的特征危害:骨痛病。

骨痛病病症:骨骼疼痛、骨质疏松以及内脏损伤。

2.5.3 铅对海洋的污染及其危害

(1)铅的来源:主要来源为冶金和化学工业废水和废气、汽油燃烧(四乙基铅是汽油防爆剂)由大气最终进入海洋,铅制剂杀虫剂和灭菌剂和含铅矿渣的倾倒。

(2)铅对人体的危害:易在人体内累积(沉淀于骨骼、肝、脑、肾等),血铅浓度超过80微克/升,引起中毒,铅是致癌物质。

2.5.4 铜和锌对海洋的污染及其危害

(1)铜的来源:冶金和工业废水、煤燃烧产生含铜废气入海、岩石自然风化入海。

(2)铜的特征危害:当浓度＞0.13 mg/L,出现绿牡蛎现象;铜锌协同作用时,对海洋生物的毒性大大加强。

2.6 放射性核素对海洋的污染及其危害

(1)放射性核素的来源:天然放射性核素、人工放射性核素(如核试验、原子能工业、核动力舰船、核武器)。

(2)放射性核素的危害:污染和辐射损害海洋生物(如体表吸附和摄食积累放射性物质);食用海产品,损害人体。

福岛核电站(Fukushima Nuclear Power Plant)是目前世界上最大的核电站,由福岛一站、福岛二站组成,共10台机组(一站6台,二站4台),均为沸水堆。受东日本大地震影响,福岛第一核电站损毁极为严重,大量放射性物质泄漏到外部,日本内阁官房长官枝野幸男宣布第一核电站的1～6号机组将全部永久废弃。联合国核监督机构国际原子能机构(IAEA)干事长天野之弥表示日本福岛核电厂的情势发展"非常严重"。法国法核安全局先前已将日本福岛核泄漏列为六级。2011年4月12日,日本原子能安全保安院根据国际核事件分级表将福岛核事故定为最高级7级。

1978年,福岛第一核电站曾经发生临界事故,但是事故一直被隐瞒至2007年才公之于众。

2005年8月,里氏7.2级地震导致福岛县两座核电站中存储核废料的池子中部分池水外溢。

2006年,福岛第一核电站6号机组曾发生放射性物质泄漏事故。

2007年,东京电力公司承认,从1977年起在对下属3家核电站总计199次定期检查中,这家公司曾篡改数据,隐瞒安全隐患。其中,福岛第一核电站 1 号机组,反应堆主蒸汽管流量计测得的数据曾在 1979～1998 年间先后 28 次被篡改。原东京电力公司董事长因此辞职。

2008 年 6 月,福岛核电站核反应堆 5 加仑少量放射性冷却水泄漏。官员称这没有对环境和人员等造成损害。

最近事故:

2011 年 3 月,里氏 9.0 级地震导致福岛县两座核电站反应堆发生故障,其中第一核电站中一座反应堆震后发生异常导致核蒸汽泄漏。于 3 月 12 日发生小规模爆炸,或因氢气爆炸所致。有业内人士表示,福岛核电站是一个技术上已经没人用的单层循环沸水堆,冷却水直接引入海水,安全性本来就没有太大指望。对于日本这一个地震频繁的地区,使用这样的结构非常不合理。3 月 14 日地震后发生爆炸。在爆炸后,辐射性物质进入风中,通过风传播到我国大陆,我国台湾,俄罗斯等一些地区。

2.7　热废水对海洋的污染及其危害

(1)热废水的来源:工业冷却水(火力发电厂、核电站、钢铁厂)、冶金、化工、石油、造纸和机械工业热废水。

(2)热废水的危害:海水的温度升高(温度升高 4℃以上,为热污染区),影响各类海洋生物的新陈代谢、繁殖、洄游,使水中的溶解氧减少,缺氧使海洋动物窒息死亡,尸体分解进一步消耗溶解氧,导致水质恶化。

2.8　固体废弃物对海洋的污染及其危害

(1)固体废弃物的来源:海上航行垃圾、生活垃圾、工业垃圾。

(2)固体废弃物的危害:侵占近岸海区,严重损伤其水产资源;影响捕捞作业;影响船舶的正常航行;使海水中的细菌滋生,带给人类各种传染病。

思考题:

　　1.简述海洋环境污染的含义。

　　2.诱发赤潮的原因、赤潮的危害是什么? 如何判断赤潮发生?

　　3.海洋石油污染的危害有哪些?

　　4.汞、镉、铜、锌污染的危害特征有哪些?

3 海洋环境生态破坏现状

3.1 概 述

3.1.1 海洋生物多样性

(1)海洋生物多样性体现在海洋中动植物、微生物的纷繁多样及其遗传和变异,以及丰富多样的动植物、微生物与环境的生态复合体、各种生态过程。

生物多样性主要指 3 个层次上的多样性:基因多样性(产生新物种的基础)、物种多样性(遗传变异、长期进化的结果)、生态系统多样性(能量流动、水循环、养分循环、生物间关系的复杂性)。

(2)生物多样性的意义。

①生物多样性是人类赖以生存的物质基础:为人类提供必需的食物(如农作物、家禽家畜、鱼、海产品、蔬菜、水果等);为农业和养殖业提供品种改良的来源;为人类提供药物;为人类提供多种多样的工业原料和能源(如木材、纤维、橡胶、淀粉、油脂等,以及煤、石油、天然气)。

②生物多样性具有重要的环境功能:植物通过光合作用固定太阳能,为所有物种提供维系生命的能源;生物是生态系统能量流动、物质循环的传递者;调节气候、稳定水文、维持进化过程、吸收分解污染物;丰富的自然环境娱乐价值。

(3)我国的海洋生物多样性保护的基本法律依据。

①《中华人民共和国海洋环境保护法》;

②《海洋自然保护区管理办法》;

③《中国 21 世纪议程》;

④《中国生物多样性保护行动计划》;

⑤《全国生态环境建设规划》和《全国生态环境保护纲要》;

⑥《生物多样性公约》:保护生物多样性的全球法律文件。

(4)当前生物多样性研究热点。

①生物多样性的调查、编目及信息系统的建立；

②人类活动对生物多样性的影响；

③生物多样性与生态系统的功能；

④生物多样性的长期动态监测；

⑤物种濒危机制及保护对策和研究；

⑥栽培植物与家养动物及其野生近缘种的遗传多样性的研究；

⑦生物多样性保护技术与对策。

3.1.2 海洋生态系统与生态平衡

(1)海洋生态系统：

①地球表面 3 大生态系统：海洋、陆地、淡水(湖泊、河流)生态系统。

②海洋生态系统的概念：海洋生物群落与非生物环境之间相互联系、相互作用、彼此间存在着物质不断循环和能量连续流动的统一整体。

③海洋生态系统的类型：在近岸分为滩涂湿地、红树林、珊瑚礁、河口潟湖、基岩海湾等；在远岸分为岛屿海域、上升流、深海、外洋等生态系统等。

④生态系统的成分：包括非生物环境(如无机物、有机物、温度、盐度、光照等)、生产者(如植物、细菌)、消费者(一级(食草)、二级、三级，…)和分解者(如异养细菌、腐食生物)。

⑤海洋生态系统的特点：海洋面积大,基本上是连续而面貌相同的。只有海洋上层能透过阳光进行光合作用,该层约占海洋容积的 2%,大多数自养生物只在上层活动。氮、磷等营养物质在海洋大部分区域是贫乏的,只有在上升流地区丰富(海洋水产资源的主要基地)。

⑥海洋生态系统的作用：海洋生态系统是人类赖以生存的宝贵资源(如食物、工业原料、药物);有重要的环境功能:吸收二氧化碳,产生大量的氧气;海洋植物通过光合作用产生的氧气,占全球氧气产生总量的 70%;蒸发为水蒸气,为陆地补充大量的淡水;吸收大量的热量,调节全球的气候;容纳和降解陆源的大量污染物。

⑦我国海洋生物资源的现状：我国海域辽阔,海洋生物种类繁多。我国海洋水产品年产量居世界第一位。但由于长期的过度捕捞和环境污染等原因,我国的海洋生物资源正面临着严重衰退的局面(如过度捕捞使许多传统的优质经济鱼类的数量急剧减少,海洋生物资源朝着低龄化、小型化、低质化方向演变;环境污染导致海洋生物种群数量减少,使海洋生物致畸、致死和致突变,导致赤

潮）。

⑧我国海洋生物资源的开发、利用和保护：大力发展沿岸海水养殖和增殖，保护近海生物资源（如海水养殖，在浅海和滩涂养殖鱼、虾、贝类和藻类；发展海水增殖，人工放流，建造人工渔礁或人工海藻林）。逐步发展深海网箱养殖和远洋捕捞。

（2）生态平衡：

①生态平衡的含义：当生态系统发展到成熟的稳定阶段，它的能量和物质输入、输出，生物种类的组成以及各个种群的数量比例处于长期相对稳定状态。由于自然界非生物因素和生物因素总在不断变化，生态系统是相对动态的平衡。

②破坏的途径：生物组成种类的改变、环境因素的改变、信息系统的破坏。

3.2　海洋生物资源严重衰退

3.2.1　传统经济种类种群破坏严重

不仅渔业专捕损害大量幼鱼（如捕捞鱼苗；网具增多，近岸设置网过密，网目缩小），而且沿岸盐场、电厂等纳潮水也严重损害鱼虾幼体。

3.2.2　资源结构严重失衡

长期过度捕捞，海洋生物结构严重失衡：海洋鱼类组成及资源结构已发生很大的变化（如，传统优质经济鱼类越来越少且小型化、低龄化；经济价值较低的鱼类、竞食物种上升，为主要渔获种类）。近岸和沿岸的贝类资源呈衰退趋势。

3.2.3　优势资源更替频繁

捕捞生产瞄准性过强，造成资源变动剧烈，造成优势资源频繁更替：随着某些优质鱼类资源的逐步衰退，同时由于捕捞力量的激增，捕捞目标越来越集中。只要一发现还有一定捕捞价值和数量的种类，就被集中围捕。严重的过度捕捞，使受捕的资源很快衰退，目标转移到另一种资源。

3.3 典型海洋生态系统的破坏

本节主要介绍 3 种典型海洋生态系统:珊瑚礁生态系统、红树林生态系统、滩涂湿地生态系统的特点、分布、经济环境功能以及被破坏的途径。

3.3.1 珊瑚礁生态系统

(1)特点:珊瑚礁生态系统是热带特有的浅水生态系统,存在 25℃~29℃水温,水深<40 米的海域;是生产力最高,生物多样性最大的生态系统之一。

(2)我国珊瑚礁的分布:主要分布在南海(如海南三亚国家级珊瑚礁自然保护区)、广东、广西、福建、台湾沿海。

(3)经济环境功能:珊瑚礁生态系统是生产力最高,生物多样性最大的生态系统之一,是昼夜活动鱼类群体共享的栖居地;珊瑚礁中生物十分密集,种类多样;是巨大的新化合物来源库和物种储存库(如抗生素、抗癌药等)。在环境意义上,它能防止海岸侵蚀和风暴损伤;珊瑚岛也是永久居住、种植、海上避难的基地、娱乐区域和各种生物的庇护场所。

(4)珊瑚礁生态系统被破坏的途径:过量捕鱼(炸药、毒药);开礁和炸礁(烧制石灰、水泥);附近港口疏浚(泥沙);电厂排放的冷却水(使水温升高);石油和磷肥装运长期污染海区;旅游业造成的破坏(如炸礁通航,游船在珊瑚礁处抛锚,潜水员脚踏,采集珊瑚、贝壳作纪念品)。

(5)全球珊瑚礁的状况。

最新研究报告显示全世界75％珊瑚礁正遭受威胁

一份最新的综合分析报告显示,目前世界上 75％的珊瑚礁正遭受来自全球和区域范围内的各种威胁。该报告第一次确认了气候变化对于珊瑚礁的危害,包括海水变暖和持续的海水的酸化。而来自区域的威胁则包括过度捕捞、海岸带开发和污染等。这些区域性因素现在对全世界 60％的珊瑚礁构成了快速的、直接的威胁。

《珊瑚礁危机再探》——有关珊瑚礁所面临的威胁最详细的评估报告即将发布。这份报告由世界资源研究所、大自然保护协会、世界渔业研究中心、国际珊瑚礁行动网络、全球珊瑚礁监测网络、联合国环境规划署世界保护与监测中心,连同超过25个组织共同完成。发布会将在华盛顿、伦敦、马来西亚、印度尼西亚、加勒比海地区、澳大利亚以及世界其他地区举行。

"这份报告为决策者、企业领袖、海洋管理者等敲响了亟须加强珊瑚礁保护力度的警钟。"美国商务部分管海洋和大气的副部长兼美国国家海洋和大气管理局局长简·卢布琴科(Jane Lubchenco)博士说:"正如报告表明的那样,包括气候变化在内的全球及区域性威胁对珊瑚礁产生了显著影响,使这些美丽又宝贵的生态系统的未来面临危机。"

区域性威胁,特别是过度捕捞和破坏性捕捞造成了许多珊瑚礁衰退。海洋温度上升、二氧化碳排放造成的海洋酸化这些全球性威胁正导致珊瑚礁"漂白"现象增加。报告称,如不加以抑制,到2030年超过90%的珊瑚礁将遭受威胁,而到2050年几乎所有的珊瑚礁将面临危机。

3.3.2 红树林生态系统

(1)红树林生态系统的特点:红树林生态系统是热带、亚热带(低盐、高温、淤泥质)潮间带特有的木本植物群落,是高生产力海洋生态系统之一;生存在独特的环境(热带海滩阳光强烈;潮起潮落,海水不断淹没和冲刷;土壤富含盐分);有独特的生命史和生理结构(如种子"胎生现象"、革质的叶、众多的气根)。

(2)在我国的主要分布:海南、广东、广西和福建沿海的河口两岸和淤泥质海湾。国家级红树林生态保护区有:湛江、山口、北仑河口、东寨港等。

(3)红树林的经济和环境功能:红树林生态系统是高生产力海洋生态系统之一;是一种森林资源,具有多种用途(如木材、薪材、纸浆原料等);红树林中鸟类、昆虫众多,红树林下鱼、虾、蟹、贝丰富;生物种类多达2 000多种,也有许多珍贵濒危物种;红树林美化环境,景观奇异多姿,是良好的旅游胜地;红树林是有自我修复能力的天然沿海防护林(防风抗浪、固堤护岸、防止侵蚀、保护沿海设施);能防治污染(过滤陆源入海污染物、净化海水减少海域赤潮发生)。

(4)被破坏的途径:沿海工业发展、城市扩张和倾废,侵占红树林区;红树林被砍伐,改造成稻田、椰树种植场、鱼池、虾塘、盐田等;砍伐的红树林用于工业生产。

(5)保护的方法:海滩海岸植红树活动,红树林区的病虫害防治。

3.3.3　滩涂湿地生态系统

（1）湿地和滩涂湿地的定义：1993 年《关于特别是作为水禽栖息地的国际重要湿地公约》指出"不问其为天然或人工,长久或暂时性的沼泽地、湿草原、泥滩地或水域地带,带有或静止或流动,或为淡水、半咸水体者,包括低潮时不超过 6米的水域"。一般理解的湿地包括沼泽、泥滩地、河流、湖泊、水库、稻田、滩涂（潮间带）以及低潮时水深不超过 6 米的海水区。后两者为滩涂湿地。

（2）滩涂湿地的分布：滩涂湿地多由河流携沙淤积而成,在河口两侧往往集中连片;我国沿海滩涂湿地分布广泛,面积最大为黄河三角洲滩涂湿地;在低纬度,多生长红树林,构成红树林生态系统;在中、高纬度,多生长芦苇等或为贝滩（如鸭绿江口滨海湿地自然保护区）。

（3）滩涂湿地的经济价值和环境价值：滩涂湿地是高生产力生态系统之一,是人类的重要资源库。是许多有商业价值生物的产卵地和育幼场,也是众多野生动物的繁衍地（两栖类、爬行类、鸟类甚至哺乳类等）,为水产养殖、盐业发展提供有利条件;滩涂湿地的植物是饵料、燃料、工业原料;在环境意义上,它能储水、泄洪、抵御风暴潮,防止海浪冲击、保护海岸,吸收大量二氧化碳,调节气候;降解近岸海域污染,也是旅游观光的良好场所。

（4）滩涂湿地被破坏的原因：大规模的盲目围垦是滩涂湿地被破坏的主要原因,围垦为工业发展、城市扩张等工程用地,以及修建堤坝,开辟为盐田、虾田、农田及堆场等。此外,湿地污染加剧,泥沙淤积严重和海岸侵蚀不断扩展等也会进一步加剧其破坏。

3.4　海洋生物物种多样性的锐减

3.4.1　全球生物灭绝进度加快

全球生物灭绝加快是由于人口增加、城市化、工业化,造成大量的环境污染;人类对生物资源掠夺性开发利用,严重破坏各种动植物生存环境;外来物种的引入,压迫和降低当地生物的物种多样性（船底带进、人工引进）。

3.4.2　珍稀、濒危海洋生物数量锐减

如须鲸、中华白海豚、儒艮、小须鲸、西太平洋斑海豹、文昌鱼、斑海豹、海龟。

3.5　其他生态破坏

其他生态破坏主要有河口环境急剧破坏、海岸自然度明显降低和临岸渔场严重破坏。

3.5.1　河口环境急剧破坏

(1)兴修水库、河流修坝建闸,使河流入海量锐减,造成不良影响:影响营养物质的入海(使河口渔场退化);淡水入海量锐减,使河口区的盐度、温度、含沙量等环境要素变化异常;河口区环境要素异常,影响鱼、虾、蟹类的产卵、育幼;河流入海量锐减,影响河口污染物的稀释、扩散、降解;河流下游建闸,堵截了鱼、虾、蟹类的洄游通道,造成其资源衰退。

(2)一些河口有机污染比较严重,导致河口海域富营养化。

3.5.2　海岸自然度明显降低

我国的海岸线正在不断缩短、变平直、变单调,人工海岸比例逐渐增高,自然程度不断降低。

(1)围海造地和造田:吞食许多优良港湾和滩涂湿地;破坏渔业资源生物的产卵场和育幼场。

(2)在湾口和岬角间修建堤坝(岸线缩短的主要原因):大大减少了纳潮量、削弱了水交换能力;航道和浅滩淤积;影响湾内污染物的稀释、扩散,使污染加重、赤潮频发。

3.5.3　临岸渔场严重破坏

(1)过度捕捞。

(2)围海造地、造田、修建堤坝:破坏渔业资源生物的产卵场和育幼场;削弱水交换能力,航道和浅滩淤积,使污染加重。

(3)近海污染:严重有机污染,富营养化,赤潮频发;石油、重金属、热污染等其他污染。

思考题：

1. 我国海洋生物资源的现状和开发保护措施有哪些？

2. 简述海洋生物多样性的含义。

3. 三个典型海洋生态系统(珊瑚礁、红树林、滩涂湿地)的特点、经济环境功能以及被破坏的途径有哪些？

4. 围海造地和造田以及建堤坝给海洋环境带来哪些负面影响？

4 海洋环境保护理论

4.1 海洋环境保护的概念

关于海洋环境保护的含义,现在还没有统一的认识,尚未有完整的概念。即便如此,但在一些著作中还是可以看到这方面的论述,如 J·M·阿姆斯特朗和 P·C·赖纳合著的《美国海洋保护》一书中,在给出"保护"一般含义的基础上,认为生态环境保护就是法律和行政的控制。他们把"保护"视为两种作用,一种"是全面的控制,或至少是试图全面控制",允许进行什么样的活动,或者不允许进行什么活动;另一种"有点类似于施加影响,即最低限度地行使政府的权力"。由此,国家对"海洋水质、各种物质的入海处置、200 海里区域内的渔业活动、某些水域中船舶运输方式,外大陆架油气生产以及其他许多事务",即被理解为海洋环境保护的含义。再如倪轩等编著的《海洋环境保护法知识》一书里关于什么是海洋环境保护的答案中,则为"在全面调查和研究海洋环境的基础上,根据海洋生态平衡的要求制定法律规章,自觉地利用科学的手段来调整海洋开发和环境保护之间的关系,以此来保护沿岸经济发展的有利条件,防止产生不利影响,达到合理地充分利用海洋的目的,同时还要不断地改善环境条件,提高环境质量,创造新的、更加舒适美好的海洋环境"。不过,需要指出,对海洋环境保护的解释,并不是直接给出海洋环境保护的概念,但是要注意在早一些时候通常的看法认为海洋环境保护即是海洋环境管理,因此,亦可作为一种认识。1992 年联合国环境与发展会议通过并签署的《21 世纪议程》对海洋环境保护特别强调了以下问题:建立并加强国家协调机制,制定环境政策和规划,制定并实施法律和标准制度,综合运用经济、技术手段以及有效的经常性的监督工作等来保证海洋环境的良好状况。以上材料,虽然并没有直接提供海洋环境保护的科学概念,但可以帮助我们建立海洋环境保护概念的认识基础。

討論6：海洋環境保護是否是海洋環境管理？

那么，如何对海洋环境保护的概念进行抽象和归纳呢？根据现有认识，我们可以概括为：以海洋环境自然平衡和持续利用为目的，运用行政、法律、经济、科学技术和国际合作等手段，维持海洋环境的良好状况，防止、减轻和控制海洋环境破坏、损害或退化的保护行为。

海洋环境保护概念包括两个要点：一是海洋环境保护的目标，在于或主要在于维护海洋环境要素的平衡，防止和避免自然环境平衡关系的破坏，为人类海洋资源和环境空间的持续开发利用创造最大的可能；二是达到海洋环境保护的途径和手段是行政和法律、科学与技术、经济与教育等控制措施的产生和应用。近一二十年里，在地区间、国家间开展广泛的联合与合作，也是一种极为重要的方法且有不断发展、强化的趋势。事实表明，进展的效果还是比较突出的。

4.2　海洋环境保护的分类

海洋环境保护内容繁多，根据不同研究重点、原则依据、立足点而有不同划分。

按环境保护空间范围划分，可分为：海岸带环境保护、浅海环境保护、河口环境保护、海湾环境保护、海岛环境保护、大洋环境保护等。

按海洋自然保护对象划分，可分为：海水环境保护、海洋沉积环境保护、海洋生态环境保护、海洋旅游环境保护、海水浴场环境保护、海水盐场环境保护等。

按海洋环境损害因素划分，可分为：防治陆源污染物对海洋环境的污染损害的环境保护、防治海岸工程建设影响海洋的环境保护、防治海洋工程建设项目对海洋环境的污染损害的环境保护、防治倾倒废弃物对海洋环境的污染损害的环境保护、防治海洋石油勘探开发的环境保护、防治船舶及有关作业活动对海洋环境的污染损害的环境保护。

按环境保护科学划分，可分为：海洋环境保护理论（概念、分类、原则），海洋环境保护法规（法律、规定、标准），海洋环境保护技术（环境容量评价技术、环境影响评价技术、环境保护技术、环境恢复技术等）。

4.3 海洋环境保护的基本原则

4.3.1 影响海洋环境保护原则的因素

海洋环境保护原则是有时代性、现实性和针对性的。具体制约或限制海洋环境保护原则的因素主要有三个。

4.3.1.1 国际或国家的环境思想和政策

回顾人们的环境思想变化,即可发现环境思想对环境保护原则的制约作用。在 20 世纪 70 年代前,国际社会对全球环境的思维还限于直观、浅层次的认识,从环境污染损害造成的直接问题进行考虑,没有、客观上也不可能从更广阔的空间和时间尺度上去深入地分析污染的原因及长远影响,及其更长时期的后果和对人类生存与发展的关系。因此,在实际工作中,只能走局部治理、改善和防治的道路。采取的措施,自然是通过工程技术或其他包括行政及法律的措施,来控制污染物的排放,以减轻环境的破坏。1972 年人类环境会议及其之后,环境观念发生变化,开始把环境与人类的发展紧密地联系起来,变革了那种就污染而谈防治的旧认识。意识到人类社会经济整体上发展的不均衡,难以仅仅依靠局部区域的污染防治来达到全局性环境问题的解决。对发达国家的环境问题和发展中国家的环境问题,既要加以区别,又要联系起来统一地进行研究。进入 20 世纪 80 年代,区域环境和全球环境又出现了一系列新的情况,比如温室效应、海平面上升、生物多样性加速减少、海洋生物资源量衰退、近海污染加剧、海岸侵蚀与海水倒灌、重要海域生态系统破坏等。这些问题并非过去都不存在,只是在 20 世纪 80 年代变得更加明朗和突出了。不仅如此,这些问题已不是地区或区域性现象,而是全球性的共同问题,也不是仅影响当代,而是影响到了人类的持续发展。能够说明这些环境思想转变的论述,莫过于 1987 年世界环境与发展委员会提出的《我们共同的未来》的报告,报告总的观点集中于一点,就是持续发展的思想。认为:"人类有能力使发展持续下去,也能保证使之满足当前的需要而不危及下一代满足需要的能力。持续发展的概念中包含着制约因素(不是绝对的制约),而是由目前技术状况和环境资源方面的社会组织造成的制约以及生物圈承受人类活动影响的能力造成的制约。人们能够对技术和社会组织进行管理和改善,以开辟通向经济发展新时代的道路。"至 20 世纪 90 年代,人们的环境思想更为壮阔,在 1992 年《关于环境与发展的里约热内卢宣言》中,提出了 27 条全球环境与发展的总体原则,要求国际社会和各国都要致力于达成既要尊重各方面的利益,又要保护全球环境发展的体系,充分地认识地球的整体性和相互依存的关系,充分认识"人类处于普遍关注的可持续发展问题的中心,他们应有以与自然相和谐的方式健康而富生产成果的生活权利"。号召国际社会对未来的可持续发展充满信心,并在持续发展中负起义务和责任。

环境思想和政策的进步与变化,必然要反映到海洋环境保护工作的原则上,因为工作原则是由思想认识和一定时期的政策决定的。也可以换一种说法,原则是指导思想和政策的自然延伸。比如强调环境与持续发展统一的思想,那么,持续发展就应该成为海洋环境保护的原则,诸如此类。

4.3.1.2 海洋环境状况与趋势

不同的环境状况,所采取的对策和保护也是不同的。保护适用原则因环境条件而异是自然而然的。与此类似之原因,环境变化过程的平稳与否,也必然构成影响环境保护原则的重要因素。例如,海岸滩涂和浅水区域围垦,以及河口拦河坝的修筑,以往一直认为是一件颇为有益的工程活动,既可扩大土地面积,也可避免陆地上紧缺的淡水白白地流入大海。但是,这类工程所产生的生态、环境影响,在许多地区往往很不佳,不仅区域生态环境遭到破坏,而且引起一系列灾害的发生,经济损失很大。事实转变了人们对围垦和拦河筑坝的观念,由此也使保护这类工作的思想原则变更,对待海岸带区域诸如此类的工程,需要予以合理控制,只有经过充分论证和资源环境影响评价,才可以慎重地进行。再如海洋倾废,1972 年在伦敦召开的海上倾倒废弃物协商会议上,所通过的《防止倾倒废物及其他物质污染海洋的公约》,鉴于当时向海洋倾倒的各类废物及其后果的状况,公约尚允许倾倒含有砷、铝、钠、锌及其化合物和有机硅化合物、氰化物、氟化物等的工业废弃物,也允许倾倒含不属强放射性物质的废物,以及某些废物的海上焚烧行为。近十几年海洋环境调查、监测和研究发现,"在海洋表面已经分布着高浓度的重金属、有机氯以及石油等物质,经过不断的积累,它们会产生复杂和持久的影响。海床是发生各种物理、化学和生物活动的区域,其中微生物过程发挥着主要作用,但到目前为止,已经知道海床(会受到)非常严重的破坏"。虽然这种破坏仅在近海区域,可是这个区域恰是人类开发活动依赖的地区。另外,放射性废物的海上倾倒,已经造成不少区域"捕捞的鱼类身上发现有高浓度的放射性物质",大量的工业废弃物和弱放射性废料向

51

海洋倾倒,不仅损害海洋生态系统,降低海域生物生产力,而且通过海洋水产品,转嫁为对人类自身的伤害。事情的规律总是这样,只要危害环境的因素,同人类的距离拉近,并直接伤害人身的时候,解决问题的条件也便成熟了。1993年《1972年伦敦公约》(即《防止倾倒废物及其他物质污染海洋的公约》)第16次协商会议,经反复辩论审议通过了《关于在海上处置放射性废物和其他放射性物质的决议》、《关于逐步停止在海上处置工业废弃物的决议》和《关于海上焚烧的决议》。第一个决议要求各国都要停止一切有放射性物质的海上倾倒;第二个决议规定,除疏浚物、阴沟污泥、渔业加工过程中的废料、船舶平台、未受玷污的其化学成分不宜释放到海洋环境中的惰性地质材料、未被玷污的自然衍生的有机材料等六类废弃物之外的其他一切工业废物,在1995年年底前逐步停止向海洋倾倒;第三个决议规定今后禁止在海上焚烧工业废弃物。以上三项决议是作为对《1972年伦敦公约》的修改。

从对海岸围垦、筑坝和海上倾倒废弃物的保护思想和实践变革中,我们可以找到海洋环境保护的又一条原则,那就是通过监测、监视掌握环境的变化,以适时调整保护的动态原则。

4.3.1.3 海洋科学技术的进步

海洋环境的知识、评估、对策和管理,均与海洋科学和技术的进步密不可分。没有海洋科学研究的成就,就不能揭示海洋环境各类现象、过程、问题或灾害的发生发展机制;没有海洋科学和技术的进步,也不会有利用环境、改造环境和恢复环境的实现或成功的发展。也正是在这一角度上,我们可以看出人类有能力获得持续前进的力量,否则,人类对海洋环境将会变得无能为力。

推动科学技术的不断进步,本身就是海洋环境保护的一条不可忽视的基本原则。此外,科学技术还对海洋环境保护的全部行为起着更新、变革的推动作用。在过去一个较长的历史时期里,人们一直认为海洋自然环境和资源系统是一个强大的系统,能够承受人类加予的一切结果,因此,向海洋施加的行为几乎不受什么约束,久而久之,今天的海洋环境状况便发生了。固然今天的海洋环境状况,有的是人直观可认识的,但大部分却是非直观的,需经大量的调查、分析、研究等,才能准确地了解其环境的内部变化的信息,比如评价海洋污染程度,除其他方法外,多利用沿海经济贝类体内污染物残留量来进行分析,贝类一般栖息在港湾、河口和沿岸水域,污染海洋的主要来源,大部分是陆源物质以及近海的开发利用活动,首当其冲受害的是经济贝类。资料表明,贝类的机体对重金属、石油、有机氯农药、多氯联苯等污染物有很强的累积能力,其富集率从几倍、几十倍、几百倍甚至可达到几千、上万倍。因为贝类生活史中的活动范围较小,所以能够很好地反映区域污染物浓度的变化,可用于衡量海域的水质、底质和生物体的受污染程度,并能应用关联与比较分析而找到污染物的来源。这里我们列举此例,并不是为了说明经济贝类与海洋污染研究的关系,而在于阐明它作为一项海洋科学技术内容对海洋保护提供或提出了什么样的工作原则。由此,只要是正常的思维逻辑,我们必然能够建立海洋环境保护的"科学促进可持续发展"的又一原则。这也是1992年巴西环境发展大会通过的《21世纪议程》所确定的通用原则。该议程认为:"科学的作用和利用科学支持审慎的环境与发展管理,以利人类日常的生活和未来的发展。所建议的方案领域范围很大,用意是支持《21世纪议程》其他章节内列举的具体科学要求。科学的作用之一应是提供资料,以便在决策过程中能够更好地制定和选择发展政策。为满足这个要求,必须增进科学的了解,改进长期的科学评估,加强所有各国的科学能力和确保科学能适应新出现的需要。"

影响各时期海洋环境保护原则的因素,无疑不仅仅是上述三个方面,还有依赖海洋程度、国家经济与投资能力等其他因素,也是制约海洋环境保护原则的条件。

4.3.2　海洋环境保护的基本原则

4.3.2.1　持续发展原则

所谓"持续发展",其含义在联合国有关文件中作了以下概括:"持续发展是既满足当代人的需要,又不对后代人满足其需要的能力构成危害的发展。它包括两个重要的概念:'需要'的概念,尤其是世界上贫困人民的基本需要,应将此放在特别优先的地位来考虑;'限制'的概念,技术状况和社会组织对环境满足眼前和将来需要的能力施加的限制。"[1]持续发展的观点是人类环境思想的一大跃升,它使人们从狭隘的环境思维中解放出来,把环境同资源和社会经济发展放在一个大系统中加以讨论;把人类现阶段的发展同未来的持续发展联系起来考虑;把一个国家、一个地区同全球、同国际社会的发展持续性结合起来研究。这就是现代环境保护的新思维。这种思维下的环境问题其有一定的整体性,甚至是全球性的,如同加拿大环境部长汤姆·迈克米兰在1986年所讲的那样,"世界性的环境问题,比各个国家的环境问题的总和要大。所以它们当然是不

① 世界环境与发展委员会编著,《我们共同的未来》,世界知识出版社1989年第1版,第19页。

能单凭各个国家独立的力量就可以解决。世界环境与发展委员会应在各国之间通力合作，超越主权的障碍，采取一切国际手段，在共同对付全球威胁的具体途径方面提出建议，以对付这个根本的问题。越来越增长的孤立主义表明，目前的历史节奏同人类的愿望是相悖的，甚至同人类自身的生存机会也是相悖的。我们面临的挑战是：超越本国的自身利益，以获得更高一层的'自身利益'——在这个受到威胁的世界上，使人类能够得以生存"。持迈克·米兰这种环境观点的国家和人士，是目前国际环境活动的主流。在全球环境上，立足于大环境的统一性、相互依存、彼此关联的客观规律，强调世界环境问题需要超越国家范围，共同行动、寻求解决。但是，就此领域内，否认或轻视地区和国家根据历史发展阶段、物质基础、人民生活状况、发展与保护的主流、发达国家与发展中国家的不同责任与义务，以及环境中发生的特殊问题等，显然是不对的，也是行不通的。如此持续发展的总体目标也将不可能实现。其中，尤其不应忘记的是今天的世界环境，特别是全球大环境系统的异常变化，是人类长期危害自然环境的结果，并不是短期所为能够产生的。发展中国家的工业化进程并不太久，它们刚刚踏上现代发展的道路，环境的"危机"就开始出现了，因此，发展中国家同样担起环境的责任是不合理的，严格地分析貌似平等的均衡承担，实质上是不平等的强加。发达国家理应对全球环境问题的解决作出较大的贡献，并对发展中国家的环境保护与治理提供必要的援助。这一认识也就是《关于环境与发展的里约热内卢宣言》中第 7 条原则所讲的，"各国应本着全球伙伴精神，为保存、保护和恢复地球生态系统的健康和完整进行合作。鉴于导致全球环境退化的各种因素不同，各国负有共同的但是又有差别的责任。发达国家承认，鉴于它们的社会给全球环境带来的压力，以及它们所掌握的技术和财力资源，它们在追求可持续发展国际努力中负有责任"。尽管原则的阐述意犹未尽，其基本意思还是体现的。

海洋环境的自然特点，使其与陆地环境相比具有更强的全球统一性，"所有海洋是一个基本的统一体，没有任何例外"。沿海国家直接或间接施加海洋的影响及其造成的危害，绝非局限在一个海区之内，往往有着大范围的区域性，甚至全球性。原因在于：一是海水介质不同尺度的流动，既有全球性大尺度环流系统，也有洋区和海区等较小尺度的流系，它们是物质的输送与交换者，使人类对局部海域的影响结果扩展到更大的范围。在输送有害物质上，即便是陆地入海河流的作用都是相当大的，据观测资料，南美的亚马孙河可以将其挟带的沉积物和污染物质，一直冲到离岸 2 000 千米以外的洋区。海水介质的流动性使全球海洋有了共同的命运；二是海洋中的相当多的生物种群具有迁移和洄游的性质,其中有的范围小,有的范围大,那些高度洄游种群,如金枪鱼、长鳍金枪鱼、鲣鱼、黄鳍与黑鳍金枪鱼、乌鲂科、枪鱼类、旗鱼类、箭鱼、竹刀鱼科、鲯鳅、大洋鲨鱼类和鲸类等,它们的洄游区域多以洋区为范围。海洋生物这一特性,决定了人类对海洋生物资源的影响不可能不具广延性。正是由于海水的流动性和海洋生态系的整体性,海洋环境保护需要贯彻持续发展原则,突出环境问题的解决,应以持续发展的“需求”和环境与资源的持久支持力为目标,根据国家、地区和国际的政治、经济的客观情况,以海洋环境不同的区域范围确定对策和管理方式,达到海洋环境与资源保护的目的。如目前进行的全球海洋大海洋生态系保护与管理行动计划,即为比较典型的体现持续发展原则的环境项目。其中黄海大海洋生态系保护与管理行动计划,其行动的主旨是防止、减轻和控制海洋环境恶化,以保持和加强海洋生产力与维持生命的能力;开发和增加海洋生物资源的潜力以满足人类对营养的需求及社会、经济和发展的目标;促进沿岸和海洋环境的综合保护。为此而采取:开展黄海大海洋生态系的综合监测与评价,获得用以指导、监控、减轻对生态系压力的各种信息;建立并加强致力于大海洋生态系保护、资源保护以及永续利用的国家与地区综合保护海洋生态环境的体制和国际协调机制;加强海洋学家、环境与资源保护人员和适当的地方、地区、国家决策者之间就海洋环境与资源保护的交流与合作;训练有较高素质的保护专家和海洋决策者及有关的实践人才,培养并应用评价、监测、减轻压力和保护活动的尖端技术与方法的能力;建立包含有关各种来源的污染情况,包括生物多样性在内的海洋环境与资源的现状、主要生态参数以及不同国家、国际特定的海洋环境保护的政策和实践信息,并设立数据库。从黄海大海洋生态系行动计划的宗旨、目标和手段中,完全可以了解是否贯彻持续发展原则的差别。海洋环境保护贯彻持续发展的思想,保护的目标、任务、手段就会具有整体性、系统性;保护的体制和运行机制就会具有稳定性、科学性。否则,因袭就污染而治理、就事论事进行保护,将治不胜治、管不胜管,绝不是一条成功的道路。

4.3.2.2 预防为主、防治结合、综合治理原则

该原则意指,把海洋环境保护的重点放在防患于未然上。通过一切措施、办法,预防海洋的污染和其他损害事件的发生,防止环境质量的下降和生态与自然平衡的破坏,或者基于能力(包括经济的、技术的)的限制,不可避免的环境冲击,也要控制在维持海洋环境的基本正常的范围内,特别是维持人体健康容许的限度内。但是,我们今天面临的近、中海的自然环境,已没有多少属于原始自然的区域了,大都受到了人类开发利用的影响,有的平衡已被打破,有的已酿

成持续性的灾害,现在不可能从头做起,觉醒之后也只能以更大的投入进行治理,亡羊补牢,积极整治恢复犹未为晚,在预防环境进一步恶化的同时,有计划地采取综合性措施,使海洋环境在新的条件下形成新的生态平衡。

预防为主、防治结合的环境工作思想,是人类海洋环境利用的实践经验总结。在过去的时期里,生存、发展的主流,掩盖了海洋环境危害发生、发展的问题。这种掩盖,既包括认识上的原因,也包括能力上的原因。应该承认,在早期认识上的原因占主导,当时人们并没有意识到人的微弱力量,能够给海洋自然环境带来什么麻烦,认识不到海洋接纳一些废弃物还会有什么伤害等等。但新近时期则不同,虽然仍有盲目危害海洋环境与资源的事情发生,不过,有意识的危害和能力不及或不得已而为之的危害大大增加,例如沿海向海排放废水、废液;城市向海洋倾倒垃圾、工业废弃物等,都是经常发生的,这类倾倒大多是在了解危害的情况下的活动;还有海岸滩涂围垦也属于这类现象。至于能力不及而产生的海洋环境危害,也是较为普遍存在的问题。其中主要涉及两类能力,一是经济能力,二是技术能力。就经济能力来说,不论发达国家,还是发展中国家都会遇到,当然发展中国家更为突出。对于发展中国家,主要还是解决人民的基本生存条件,没有多余的投资用在海洋环境的保护上。技术能力基本与经济能力的情况相类似,与发达国家相比,发展中国家更是有着巨大的差距。因此,发展中国家即便想开展海洋环境的保护工作,有时也会因技术不具备而难以实施。两种原因,虽然性质上是不同的,但实际的海洋环境结果是一样的,都是以牺牲海洋环境为代价获得发展的条件。这条道路已被海洋环境的恶化和由此产生的资源衰退证明是行不通的。先污染后治理将要付出更大的经济代价,以我国工业废污水为例,当年预计若不采取预防性措施,进行净化处理、开展循环使用,2000 年全国工业废污水排放数量要由 1995 年的每年 240 亿吨,增加到 1 000 亿吨。这些废污水除少部分进入内陆区域或短期停留在陆地江河湖泊外,大部分或最终都要进入到海洋之中,暂不说这样庞大的污水会带给海洋什么样的影响,仅就处理 1 000 亿吨污水的建设费和运行费,将要达 2 000 亿元,国家的负担也是沉重的。然而由于采取预防措施,实际上 2000 年全国排放工业废水仅 100.2 亿吨。排放量大量减少,不仅降低了污水处理系统的建设和运行投资、减少淡水的消耗,而且对环境,特别是海洋环境的损害也会大大减轻。另外,先污染后治理造成的生态、环境代价将难以估算,从全球环境而言,发达国家早期以牺牲海洋环境求得发展,为我们今天酿成了沉重的、灾难性的历史后果,至今还在继续着对海洋环境的影响,其中包括全球变暖下的全球海平面上升,不少的优美海洋自然景观和沿海沼泽湿地消失、生物多样性减少,一些珍稀海洋物种消亡等,实践和教训说明,海洋环境工作与保护需要坚持预防为主的原则。

海洋环境污染和破坏,其结果的形成,原因是多方面的,有直接原因,有间接原因,还有的原因至今尚不清楚,如全球海平面变化、海洋赤潮等。但不论原因清楚与否,有一点是无疑的,环境污染与破坏,都是综合因素造成的。原因的多样性决定了整治的综合性。首先,表现在海洋环境恶化的遏制上,杜绝或减轻环境的继续破坏,针对性的措施是切断污染源和危害环境的各种直接或间接的力量与过程,这是治本的防治办法。其次,表现在整治已破坏或受到污染的海洋环境上,海洋环境即使是很小的海域,其组成要素也是极为复杂的,既包括地形地貌、沉积物,也包括海水介质、生态系统等,在区域受到损害的情况下,不可能是其中的某一个要素,如当水质受到污染后,污染物必然要传递给沉积物和生物体;如当海岸地貌形态发生变化时,也要改变海底沉积物动态、地形和生态系统的结构等。由于这种内在的特点,要求海洋环境的治理不能只采取"单打一"的措施,而应该实行综合治理。再者,就治理技术和行政办法也必须是综合的。在技术上,可以运用工程的方法,修筑海堤、补充沙源以防止海岸侵蚀;应用生物工程,恢复、改善生态系统,提高海域生物生产力;利用回灌技术,制止沿海低平原人为原因的地面下沉,防止海水入浸。在行政上,使用相应的手段控制环境非正常事件的发生等。无论从哪一方面考虑,海洋环境的治理都是一项综合性很强的工作。

4.3.2.3　谁开发谁保护、谁污染谁负担原则

海洋开发与保护是一对矛盾统一体。不论是海洋资源的开发,还是环境的利用,都要构成对海洋环境的干扰与破坏,甚至打破自然系统的平衡。因此,在开发利用海洋的同时必须对海洋环境保护做出安排。谁开发谁保护原则是指开发海洋的一切单位与个人,既拥有开发利用海洋资源与环境的权利,也有保护海洋资源与环境的义务和责任。在《中华人民共和国民法通则》第81条第1,3款规定:"国家所有的森林、山岭、草原、荒地、滩涂、水面等自然资源,可以依法由全民所有制单位使用,也可以依法确定由集体所有制单位使用,国家保护它的使用、收益的权利;使用单位有管理、保护、合理利用的义务";"公民、集体依法对集体所有的或者国家所有由集体使用的森林、山岭、草原、荒地、滩涂、水面的承包经营权,受法律保护。承包双方的权利和义务,依照法律由承包合同规定。"《民法通则》完全明确了所有在中国海域进行的资源开发的单位、个人都必须做好海洋环境的保护工作。贯彻谁开发谁保护原则,并不降低国家和各级政

府有关主管部门的责任。主管部门的责任主要在制定海洋环境保护的政策、规划、协调和检查与监督工作上。再者,海上的开发可能产生的问题,在时间和空间上并不是固定的,只有开发实施单位,对出现的问题及时发现及时进行处理。而且这种处理工作应该是事前早已作好预案安排的。

谁污染谁负担,是我国环境保护实践经验的总结。实践证明是行之有效的。执行这一原则能够加强开发利用海洋的单位和个人的行为责任,能够唤起开发利用者自觉或强制性的保护海洋环境与资源的意识。其道理是简单易明的,如果不把"谁污染谁治理"加到肇事者的头上,依靠一般的环境保护要求,是不会受到开发者的重视的。有了治理恢复的责任,情况就大不一样,如前所述,污染的治理是一项投资大,技术难度高的工作,一切因开发造成海洋环境污染损害,开发者将要受到较大的经费损失,多数还要承担法律的责任。这是所有开发者都不愿发生的问题,他们一定会在开发作业中,给予高度重视,避免污染或环境危害事故的发生。该原则在国外环境保护中,也被广泛应用,早在 1972 年,由西方 24 个国家组成的《经济合作与发展组织》为改善资源分配和防止国际贸易和投资发生偏差,确定污染者担负费用的范围,应包括防治污染的费用、恢复环境和损害赔偿费用,被称为"污染负担"原则。这条原则,后来在国际上得到承认,并适用于污染环境的处理上。我国《环境保护法》第四章"防治环境和其他公害"第 28 条规定:"排放污染物超过国家或者地方规定的污染物排放标准的企业事业单位,依照国家规定缴纳超标排污费,并负责治理。水污染防治法另有规定的,依照水污染法的规定执行。"第 29 条规定:"对造成环境污染严重的企业事业单位,限期治理。"通过法律固定的原则,其执行已转化为强制性的效力,从而使原则的落实更具确定性。

4.3.2.4 环境有偿使用原则

环境是一类资源,对其开发利用不应该是无偿的,特别是有损害的环境利用,更应该是有代价的。在我国环境保护法律法规中,也包括这方面的规定,例如《中华人民共和国水污染防治法》第 15 条:"企业事业单位向水体排放污染物的,按照国家规定缴纳排污费;超过国家或者地方规定的污染物排放标准的,按照国家规定缴纳超标准排污费。"虽然该法的适用范围仅及陆地水域,但所规定的向水域排放污染物要缴纳费用,本质上属于利用环境的有偿性。再如,根据《中华人民共和国海洋倾废管理条例》和《中华人民共和国海洋石油勘探开发环境保护管理条例》及其实施办法,制定的《关于征收海洋废弃物倾倒费和海洋石油勘探开发超标排污费》的规定,要求"凡在中华人民共和国内海、领海、大陆架和其他一切管辖海域倾倒各类废弃物的企业、事业单位和其他经济实体,应向所在海区的海洋主管部门提出申请,办理海洋倾废许可证,并缴纳废弃物倾倒费。"虽然收费数额出于政策考虑掌握较低,但这种费用不属一般的管理费,而是倾废对海洋环境损害的付费。它也表明海洋环境使用的代价。

海洋环境的利用变无偿为有偿,其积极的意义在于:①有偿使用海洋空间、环境是强化海洋环境保护的重要途径,也是海洋环保在国际上的通例措施。在《关于环境与发展的里约热内卢宣言》中,就有这方面的原则要求,其原则 16 提出:"考虑到污染者原则上应承担污染费用的观点,国家当局应该努力促进内部负担污染费用,并且适当地照顾公众利益,而不歪曲国际贸易和投资。"其原则 12,13,14,都阐述了对引起环境退化的一切活动实行费用补偿,将是全球环境控制的不可替代的方法之一,为此,国际组织要大力推进有关法律制度的建立。②有利于海洋环境无害或最大减少损害的使用,维护海洋生态健康和自然景观。如果海洋环境继续无代价利用,没有反映在经济利益上的约束机制,客观上便失去了保护海洋环境的物质动力,海洋开发利用者很难能够做到持续不懈地、自觉地保护海洋环境。如果能转为有偿、危害罚款并治理恢复,这样一切开发利用的企事业单位或个人,他们即便完全为了自己的利益,也要努力减少危害海洋环境的支出,从而在客观上达到海洋环境保护的目的。③积累海洋环境保护的资金。保护海洋环境是为了更好地利用和发挥海洋对人类的价值,并不是完全限制有益的利用。利用海洋环境是必须的,也是完全应当的。因此,海洋环境的损害,甚至破坏,从大范围来看是不可避免的,由此产生的结果是海洋环境治理工作是一项历史性的任务。治理资金需要较多,广泛筹备是必要的,但是海洋环境保护内部积累一部分也是重要的来源。执行环境有偿使用,将所收经费用在国家管辖海域的环境伤害的治理上,不仅有利于环境维护,而且有利于活化海洋环境保护。

在海洋环境保护工作中需要贯彻的原则,其他还有生态原则、海洋经济建设与海洋环境协调原则、动态原则、海洋自然过程平衡原则等,也是应予贯彻执行的重要原则。

4.3.2.5 全过程控制原则

海洋环境是一个复杂的系统,海洋环境保护也因此是一个负责的系统过程。既包括生活劳动过程和生产活动过程的控制,又包括海洋污染过程和陆地污染过程的控制;既包括工程前、工程中和工程后的控制,又包括工艺、技术、方法、计量等方面的控制。

4.4　科学发展理论

对于海洋环境而言,单纯环境保护观点和单纯经济发展观点都是不可取的,而需要遵循的是海洋环境的科学发展观。

正确处理资源开发与环境保护的关系,使二者在实践中融合起来。进一步树立经济效益、社会效益、生态效益相统一的观点,实际工作上统筹兼顾。要从把环境质量看作资源开发的约束条件,转为资源开发的重要目标之一。建设海洋强国,要在总体规划中,加入环境目标要求。要从经济与环境各自分立,转为互相融合,一举两得。克服单纯经济观点和单纯环境观点这种取此舍彼的旧思路。一是资源开发要贯彻"绿色发展战略",包括生态农业、生态渔业、生态盐业等绿色市场。二是环保工作要实现产业化。把以防治污染、改善环境、保护自然为目的的技术开发、产品生产和流通、咨询服务等部门经营化、实业化。三是大力发展经济建设和环境建设双赢的事业,包括滨海旅游业、自然保护区保护业、林业、用固体废料做人工渔礁等。

4.5　生态经济学理论

生态经济学是从经济学角度来研究生态系统、社会系统和经济系统所构成的复合系统——生态经济系统的结构、功能、行为及其运动规律的新经济科学,是跨越生态学和经济学之间的新兴边缘学科。生态经济学是由美国经济学家凯恩斯(B. Kenneth)在 20 世纪 60 年代提出的,它将经济学与生态学相结合,以研究生态规律与经济规律的相互作用,研究人类经济活动与环境系统的关系。

生态经济学与生态学在研究对象上有共性但亦有所不同。共同之处在于两者都是研究生物之间及生物与非生物之间相互作用的规律与机理的科学,都是研究有生命的系统。不同之处在于,生态经济学研究的不是一般的生命单元,不是以生物与环境的关系作为研究对象,而是研究与自然界进行物质交换的人类同环境系统的关系。所以,在生态经济学的领域里,同环境系统发生关系的主体不是一般的生命,不是自然界具有一定结构和调节功能的生命单元,而是人类。当然生态经济学也注重研究自然界具有一定结构和调节功能的生命单元——动植物和微生物。尽管这些生命单元不是生态经济学研究的主要对象,但它们的存在对于人类社会的存在和发展有着十分重要的作用。

生态经济学与经济学的研究目的也有共性和不同之处。生态经济学是经济学的一个分支学科,其研究的最终目的是求得经济稳定持久的发展,以满足人类的需要,这是它与经济学的共同之处,不同之处在于它把生态规律和经济规律结合起来,研究两者之间的相互影响和相互作用的关系,以求全面认识经济规律。

生态经济学的主要研究内容有以下几个方面:一是研究人类经济活动与环境系统的相互影响、相互促进的关系。人类进行社会经济活动,必须与自然界进行物质交换,也就是对环境系统产生影响,自然界为人类提供所需的各种资源,而劳动把资源变成人们所需要的生产资料和生活资料。人类在从自然界获取资料的过程中,同时又把各种废弃物排入环境,生态经济学研究合理调节人类与自然环境之间的物质交换过程中同环境系统的关系。二是研究如何建立合理的生态经济系统结构。生态经济系统是社会经济系统与生态系统的复合体。生态经济系统的持续稳定发展,依赖于生态经济系统合理的结构和相应的功能,生态经济系统的结构是生态经济系统进行物质、能量和信息交换和流通的渠道,是建立系统间联系的桥梁,系统与功能的优劣,很大程度上取决于生态经济系统的结构是否合理。三是研究生态系统与经济系统的内在联系与规律。生态系统与经济系统之间存在着内在的联系,并有着不以人的意志为转移的客观运动规律。如果不了解这一运动过程的变化趋势,不认识这种生态经济规律,就可能顾此失彼,或者受到大自然的惩罚,或者受到经济规律的制裁。因此,必须了解和认识生态系统与经济系统之间的内在联系,掌握和运用它们之间的客观运动规律及其变化趋势,才能实现生态效益与经济效益的协调统一。四是研究经济再生产和自然资源再生产过程的相互协调问题。生态经济学的主要研究对象就是自然生态系统与经济系统的结合,目的是通过定量或半定量的分析研究(建立生态经济模型),使经济再生产和自然资源再生产实现最优组合,协调发展。也就是说,对自然资源的开发、加工、利用,直到产品的分配、流通、消费以及废物的排放,整个过程都能和自然生态系统相统一,实现以最少的劳动、最少的消耗取得最大的经济和生态效益。

把人口、资源、能源、生态环境、经济建设和环境建设等问题作为一个整体来研究,找出它们之间的内在联系,使之相互协调发展。综合而言,生态经济学就是探讨发展与资源、人类与环境的相互关系,以求得经济稳定持久的发展,环境保护必须遵循生态经济学揭示的客观规律,才能取得经济、社会和环境效益的统一。

思考题：

　　1.海洋环境保护的含义是什么？

　　2.海洋环境的分类有哪些？

　　3.海洋环境保护遵循的基本原则包含哪些内容？

　　4.海洋环境保护的生态经济学理论有什么意义？

　　5.试述海洋环境保护的科学发展理论的内涵。

5   海洋环境保护法规

5.1   国际海洋环境立法的发展进程

5.1.1   海洋环境保护立法的萌芽

1926 年美国在华盛顿召开了有 13 个国家出席的关于防止油类污染海洋的国际会议,这是旨在通过缔结国际条约来防止船舶造成海洋污染的第一次尝试。但由于种种原因,会议未能制订一个能在国际上统一执行的条约。1934 年,英国政府向当时的国际联盟提出了关于船舶防污的提案,此提案得到了许多国家的支持,国际联盟为此设立了专家委员会,并起草了一份国际公约草案,准备提交国际会议讨论通过。但是,由于第二次世界大战的爆发,亦无结果。从总体上看,这个时期海洋法的特点是强调公海自由和邻海自主,对污染、破坏海洋环境资源的行为基本没有涉及。

第二次世界大战以后,随着生产力的迅速发展和海洋事业的兴起,人类开发、利用和消耗海洋环境资源的规模越来越大,海洋环境污染和资源危机日益严重并日益区域化和全球化,人们开始关注海洋环境保护和海洋管理。1954 年,由多个国家和联合国及其粮农组织的代表参加的防止海洋污染的专门外交会议终于在伦敦召开了,由于与会代表的一致努力,会议终于取得了丰硕的成果,制定并通过了《1954 年国际防止油类污染海洋公约》(简称《1954 年油污公约》)。《1954 年油污公约》的诞生,标志着国际社会在海洋环境保护事业方面的国际立法和国际合作迈出了艰难、可喜、具有决定性意义的第一步。

5.1.2   海洋环境保护立法的发展

从 1954 年到现在半个多世纪的时间,由于国际社会和各国政府海洋环境保护的意识日益增强,海洋环境保护的国际立法和国内立法工作得到了不断发展,海洋环境保护的法律制度已经建立,海洋环境保护的国际合作日益活跃。半个多世纪以来,海洋环境保护的国际立法活动的发展和国际合作大致可以分为以下四个阶段。

第一阶段是从 1954 年签订《1954 年油污公约》到 1972 年联合国在瑞典首都斯德哥尔摩召开人类环境会议。这一阶段,国际海洋环境保护立法活动处于萌芽时期,国际社会开始关注海洋环境保护问题,但对于海洋环境的认识还不能突破传统国际法的范围,关心的重点在于防止海洋油污方面,还未考虑从更多方面来保护海洋环境。这一阶段签署的国际公约主要有:

《1954 年油污公约》(1954 年);

《大陆架公约》(1958 年);

《公海公约》(1958 年);

《国际干预公海油污染事故公约》(1969 年);

《国际油污损害民事责任公约》(1969 年);

《合作处理北海石油污染协定》(1969 年);

《丹麦、芬兰、挪威、瑞典关于合作处理海上油污的协定》(1971);

《设立国际油污损害赔偿基金公约》(1971 年)。

从整体上讲,这一阶段国际社会尚未对海洋环境保护的重要性给予普遍的重视,对海洋环境的复杂性及清除污染的长期艰巨性亦缺乏足够的认识。协定内容单一,大部分协定都以防止海洋油污为内容,而且协定包含的内容多未能超出传统国际法的范围,例如对环境事故责任的确定,虽然也适用无过错原则,但未涉及国家责任。海洋污染的问题并不能得到真正的解决和防止。

从时间上看,这些规定基本上是被动反应式的,是就事论事。《1954 年防止海洋石油污染公约》签定后的十几年中,国际上没有再针对海洋环境保护做出新规定。国际社会开始重视海洋污染的直接原因是由于 1967 年 3 月 18 日"托雷·坎永"号重大溢油事故。这件事造成的后果之一是在 1969 年召开布鲁塞尔会议,产生了《国际油污损害民事责任公约》,但此时关注的重点仅限于对单一事项的被动干预、处理。

第二阶段是从 1972 年联合国在瑞典首都斯德哥尔摩召开人类环境会议到 1982 年《联合国海洋法公约》产生。1972 年联合国在瑞典首都斯德哥尔摩召开的人类环境会议是人类环境保护的重大事件,会议发表的《人类环境保护宣言》和通过的《人类环境行动计划》吹响了对海洋环境进行全面保护的号角。《人类环境保护宣言》原则七规定:"各国应采取一切措施,以防止那些危及人类健康、损害生物资源和海洋生物、破坏环境舒适或干扰海洋的其他合法利用的物质对海洋造成污染。"《人类环境行动计划》为国际社会采取环境保护具体绘制了一幅蓝图。我国常驻国际海事组织代表杜大昌先生认为,"原则七"吹响了对海洋环境进行全面保护的号角。

《人类环境保护宣言》发表以后,各国在海洋环境保护方面开始了广泛的国际合作,有力地促进了国际海洋环境保护法律制度的形成。前者为国际和各国国内环境立法及制定环境政策提供了方针和原则,后者不仅为国际海洋环境保护应采取的具体行动提供了指南,而且为国际合作指出了方向,制定了应采取的步骤,两者虽不具有法律约束力,但有"软法"的性质,被认为是国际环境保护法的一个重要里程碑。这一时期签署的公约或协定较多,且这些公约或协定所涉及的内容更广,所确定的原则也已超出传统国际法范畴。

根据 1972 年斯德哥尔摩人类环境会议而成立的联合国环境规划署(UNEP)作为全球环境保护的规划、设计、组织及部门,在为促进海洋环境保护的立法和开展全球及区域间的海洋环境保护的国际合作方面发挥了积极的作用,作出了重要的贡献。

这一时期的几个重要公约有:

《防止倾倒废物和其他物质污染海洋公约》(简称《伦敦公约》,1972 年)《国际防止船舶污染公约》(简称《船污公约》,1973 年);

《防止陆源污染海洋公约》(巴黎,1974 年);

《1973 年国际防止船舶污染公约的 1978 年议定书》(伦敦,1978 年);

《南极海洋生物资源保护公约》(堪培拉,1980 年)。

综观本阶段的这些条约可以发现,它们具有以下特点:第一,条约调整的对象不再只局限于单一类别的防止油类污染,还涉及海洋其他各种污染,如勘探、开发造成的污染,船舶污染以及对资源,特别是生物和鱼类的保护等等。第二,条约制定的一些原则已开始超越传统国际法的范畴,对传统国际法提出挑战,孕育着新原则的雏形,如:1973 年的《船污公约》基本打破了传统的以船旗国为主的管辖原则,比 1954 年公约在海洋污染的管辖制度方面取得了明显进步(该公约规定,在其管辖范围内发生任何违反公约行为的沿海国,应根据该国的法律予以禁止并加以制裁)。条约都包括一些较为严格、具体的执行条款,不仅具有更强的约束力,也更易于各国执行。第三,对修订协定程序的规定,也较为灵活,使已签协定易于修订,以更适应变化的形势。第四,条约规定的内容出现从单一性向综合性发展,调整的范围亦随之扩大。这种综合性趋势首先体现在"伞性条约"。以这种"伞性条约"为基础,联合国环境署于 1974 年制订了《联合国海洋区域防污规划》。第五,该条约所反映的面更加广阔,包括了更多国际社会成员的意志。

第三阶段是从 1982 年《联合国海洋法公约》产生到 1992 年联合国在巴西首都里约热内卢召开环境与发展大会。1982 年联合国第三次海洋法会议产生的《联合国海洋法公约》是一部关于海洋的宪法,它对迄今为止国际海洋法问题作了最为详尽的规定和编纂,是国际社会管理海洋的划时代事件。《联合国海洋法公约》的通过表明海洋环境资源的国际法体系初步形成。自通过《联合国海洋法公约》后,各国的海洋意识空前提高,海洋法规和海洋管理机构逐步完善,一些发达国家提出了"大海洋生态系统"、"海洋环境综合管理"和"预防海洋污染"等新的海洋环境保护管理原则和思想,建立了一些新的海洋环境保护制度。不少国家对海洋的开发、利用和保护已从自发状态转向自觉状态,在海洋管理和海洋环境保护法制建设方面取得了很大的进步和发展。在海洋环境保护立法和管理方面,有些发达国家在这个阶段已建立比较完整的海洋环境保护法体系和海洋环境保护管理体系。这一时期是国际、国内海洋环境保护立法和国际合作活动的繁荣时期。

这一时期的国际条约、公约主要有:

《联合国气候变化框架公约》(1992 年);

《生物多样性公约》(1992 年);

《跨界鱼类种群和高度洄游鱼类种群的养护与管理协定》(1995 年);

《控制危险废物越境转移及其处置巴塞尔公约》修正案(1995 年);

《防止倾倒废物及其他物质污染海洋公约的 1996 年议定书》(1996 年);

《联合国气候变化框架公约》京都议定书(1997 年)。

这一时期,人们对海洋环境的保护和管理都有了实质性的改变,可以说,这一时期是国际、国内海洋立法和国际合作活动的繁荣时期。例如,1958 年,联合国在日内瓦召开的第一次海洋会议上制订的《领海及毗连区公约》、《大陆架公约》、《公海公约》和《公海渔业及生物资源保护公约》四大公约中,只有两个公约直接提到了海洋环境保护问题。而《联合国海洋法公约》第十二部分用了一章的篇幅对海洋污染的种类、防止、减少和控制海洋污染的措施以及国际规则和国内立法、全球和区域合作、技术援助、环境监测和评价、国家责任和赔偿等进行了全面系统的规定。《联合国海洋法公约》产生后到 1992 年的联合国环境与发展大会召开之间的 10 年,新的国际公约不断产生,旧的国际公约纷纷被修改和完善,各沿海国家的国内立法异常活跃,全球和区域性海洋环境合作方兴未艾,国际海洋环境保护法进入一个崭新的发展阶段。

第四阶段是从 1992 年联合国环境与发展会议至今,为可持续海洋环境保护法时期。1987 年,世界环境与发展委员会发表了著名的《布伦特兰报告》即《我们共同的未来》,该报告提出:"可持续发展是既满足当代人需求而又不妨碍后代人满足其需求能力的发展。"经过一段时间的研究、筹划和推广,"可持续发展"逐渐被许多国际组织和国家采纳和实施。1992 年 6 月,在巴西里约热内卢召开的联合国环境与发展会议,通过并签署了《里约环境与发展宣言》、《21 世纪议程》、《生物多样性公约》等体现可持续发展新思想、贯彻可持续发展战略的文件。它们大都包含有保护海洋环境和可持续利用海洋资源的内容。会后,许多国家纷纷制定、贯彻海洋可持续发展的战略,将可持续发展纳入到海洋环境保护法和国际海洋环境保护条约之中,海洋事业和海洋环境保护法开始进入可持续发展的新阶段。

这个阶段重要的国际海洋环境协定有:

《1969 年国际油污损害民事责任公约》的 1992 年议定书(1992 年);

《1971 年设置油污损害赔偿国际基金的国际公约》的 1992 年议定书(1992 年);

《关于区域海洋环境规划的公约》(1993 年);

《1972 年防止倾倒废物及其他物质污染海洋的公约》的 1993 年决议;

《保护海洋环境免受陆上活动污染全球行动方案》(1995 年 10 月);

《保护海洋环境免受陆上活动污染华盛顿宣言》(1995 年 10 月);

《跨界鱼类种群和高度洄游鱼类种群的养护与管理协定》(1995 年);

《海上运输有害和潜在危险物质造成的责任和赔偿国际公约》(1996 年);

《美洲海龟保护和养护公约》(1996 年)。

在国际海洋环境保护发展的过程中,1972 年斯德哥尔摩人类环境会议、1982 年联合国第三次海洋法大会、1992 年里约热内卢联合国环境和发展大会先后发挥了重大影响,具有划时代的意义。这三次会议通过制定的《人类环境宣言》、《联合国海洋法公约》、《21 世纪议程》三个重要国际文件指导、规范和影响着国际海洋环境立法的进程和方向,是国际海洋环境法发展的三个重要的里程碑。其中,《人类环境宣言》和《21 世纪议程》虽然不具有约束力,但它们作为举世公认的重要的国际"软法",不仅与公约的有关规定相一致,更与公约的贯彻实施密切相关。

詹宁斯等人认为,"1982 年《联合国海洋法公约》第十二部分第一节的一般规定实际上是将斯德哥尔摩指的一般原则转变为有约束力的一般义务"。而《21 世纪议程》是一项面向世纪的综合行动规划,涉及社会经济活动的所有部门,其中第十七章专门针对海洋,在《联合国海洋法公约》和联合国环境发展大会之间起桥梁作用。

5.2 我国海洋环境保护法规

概括起来,我国现行海洋环境资源法体系主要包括八部分。

(1)全国人民代表大会制定的《宪法》中有关海洋环境资源的法律规范。

(2)全国人民代表大会常务委员会制定的有关海洋环境资源的法律。如《海洋环境保护法》(1982年,1999年修改)、《领海区及毗连区法》(1992年)、《渔业法》(1986年)、《野生动物保护法》(1988年)、《海上交通安全法》(1993年)、《海关法》(1987年)等。

(3)国务院制定的有关海洋环境资源行政法规。如《海洋石油勘探开发环境保护管理条例》(1983年)、《防止船舶污染海域管理条例》(1983年)、《海洋倾废管理条例》(1985年)、《防治陆源污染物污染损害海洋环境管理条例》(1990年)、《防治海岸工程建设项目污染损害海洋环境管理条例》(1990年)等。

(4)国务院各部委制定的有关海洋环境资源行政规章和标准。如《海洋石油勘探开发环境保护管理条例实施办法》、《海军防止军港水域污染管理规定》、《海上监督管理处罚规定》、《交通行政处罚程序规定》、《渔业行政处罚程序》、《拆解船舶监督管理规则》、《关于加强渔港水域环境保护的规定》、《渔船污染结构与设备规范》、《交通建设项目环境保护管理办法》、《关于船舶拆解监督管理的暂行办法》、《渔业环境监测技术规定》、《渔业资源增殖保护费征收使用办法》、《海水水质标准》、《渔业水质标准》、《海洋石油开发工业含油污水排放标准》、《船舶污染物排放标准》和《船舶工业污染物排放标准》等。

(5)国务院各部委制定的有关海洋环境保护的规程。如《海洋倾倒区监测技术规程》、《海洋生态环境监测技术规程》、《海洋生物质量监测技术规程》、《陆源排污口邻近海域监测技术规程》、《江河入海污染物总量及河口区环境质量监测技术规程》、《建设项目海洋环境影响跟踪监测技术规程》、《海洋自然保护区监测技术规程》、《标准化法实施条例》等。

(6)沿海各省、自治区、直辖市人民代表大会及其常务委员会,省政府所在地的市、经国务院批准的较大的市和由全国人大常委会授权的市的人民代表大会及其常委会制定的有关海洋环境资源的地方法规。如《江苏省海岸带管理条例》、《深圳经济特区海域污染防治条例》(2000年3月1日施行)、《青岛市近岸海域环境保护规定》(1995 年 3 月 16 日青岛市第十一届人大常委会第十六次会议通过,山东省第八届人民代表大会常委会第十四次会议批准)、《广东省渔港管理条例》(1994 年 7 月 6 日广东省第八届人民代表大会常务委员会第九次会议通过)等。

(7)沿海地方人民政府发布的有关海洋环境资源地方规章和具有普遍约束力的决定、命令。如《天津市海域环境保护管理办法》、《天津市防止拆船污染环境管理办法》、《河北省近岸海域环境保护暂行办法》、《青岛市近岸海域环境保护规定》、《大连市防止拆船污染环境的规定》、《威海市海洋环境保护暂行规定》、《厦门市海域环境管理办法》、《广州港务监督防止船舶垃圾污染管理办法》、《广州港船舶油作业布设围油栏管理规定》、《湛江港防止港口水域污染暂行办法》、《防止汕头港水域污染暂行规定》(1894 年 7 月 6 日广东省第八届人民代表大会常务委员会第九次会议通过)等。

(8)我国参加的国际海洋环境资源条约。如《国际防止船舶污染公约》、《国际油污损害民事责任公约》、《国际捕鲸公约》、《大陆架公约》、《南极条约》、《国际防止倾倒废弃物及其他物质污染海洋公约》、《生物多样性公约》等。

1982 年 8 月 23 日,第五届全国人民代表大会常务委员会第 24 次会议通过的《中华人民共和国海洋环境保护法》(1982 年制定,1999 年修订),既是一项专门性的环境保护单项法律,也是对我国海洋环境保护进行比较全面的法律调整的综合性海洋环境保护法律。该法的制订、修订和实施,带动了我国环境保护法律与国际环境法的协调与接轨,促进了我国海洋环境保护法规体系的发展和健全,对保护我国的海洋环境及资源、防止海洋污染损害、保护生态平衡、保障人体健康、促进海洋事业的发展,发挥了重要的作用。

5.3 联合国海洋法公约

1982 年《联合国海洋法公约》包括 1 个序言,17 个部分,共 320 条,另有 9 个附件和 4 个决议,计 25 万字。公约第 1 部分"序言";第 2 部分"领海和毗连区";第 3 部分"用于国际航行的海峡";第 4 部分"群岛国";第 5 部分"专属经济区";第 6 部分"大陆架";第 7 部分"公海";第 8 部分"岛屿制度";第 9 部分"闭海或半闭海";第 10 部分"内陆国出入海洋的权利和过境自由";第 11 部分"区域";第 12 部分"海洋环境的保护和保全";第 13 部分"海洋科学研究";第 14 部分"海洋技术的发展和转让";第 15 部分"争端的解决";第 16 部分"一般规定";

第17部分"最后条款"。

9个附件是：①高度洄游鱼类；②大陆架界限委员会；③探矿、勘探和开发的基本条件；④企业部章程；⑤调解；⑥国际海洋法法庭规约；⑦仲裁；⑧特别仲裁；⑨国际组织的参加。

《联合国海洋法公约》于1994年11月16日正式生效，标志着国际海洋新秩序开始建立。《联合国海洋法公约》已成为现代海洋法的主要渊源和权威文件，被誉为"一部真正的海洋宪法"。截至目前，世界上共有152个国家批准了《联合国海洋法公约》。我国已于1996年5月15日批准了该公约，公约的生效已经并正在带来重大的影响。

《联合国海洋法公约》第十二部分"海洋环境的保护和保全"，是控制海洋环境污染、保护海洋环境的国际立法的重要组成部分。它在历史上第一次规定了各国有保护和保全海洋环境的一般义务，涉及有关国际海洋环境保护的原则性规定，要求各国应采取一切必要措施防止、减少和控制任何来源的海洋环境污染。

5.3.1 关于海洋环境保护的一般规定

(1)各国保护海洋环境的权利、义务和责任。各国有依据其环境政策和按照其保护和保全海洋环境的职责开发其自然资源的主权权利。

(2)各国应该采取防止、减少和控制海洋环境污染的措施。各国应在适当情况下个别地或联合地采取一切符合《联合国海洋法公约》的必要措施，适用其所掌握的最切实可行的方法，尽力协调它们的政策，防止、减少或者控制人和来源地海洋环境污染。这些措施应该针对海洋环境的一切污染来源：防止从陆上来源、从大气层或通过大气层或由于倾倒而放出的有毒、有害或者有碍健康的物质，特别是持久不变的物质污染海洋环境的措施；防止来自船只的污染的措施，特别是为了防止意外事件和处理紧急情况。保证海上操作安全，防止故意和无意的排放，以及规定船只的设计、建造、装备、操作和人员配备的措施；防止来自用于勘探或开发海床底土的自然资源的设施和装置的污染的措施，特别是为了防止意外事件和处理紧急情况，保证海上操作安全，以及规定这些设施或装置的设计、建造、装备、操作和人员配备的措施防止来自海洋环境内操作的其他设施和装置的污染的措施，特别是为了防止意外事件和处理紧急情况，保证海上操作安全，以及规定这些设施或装置的设计、建造、装备、操作和人员配备的措施；为保护和保全稀有或脆弱的生态系统，以及衰竭、受威胁或有灭绝危险的物种和其他形式的海洋生物的生存环境，而有必要采取的措施。

(3)各国有不将损害或危险转移或将一种污染转变为另一种污染的义务。各国在采取措施防止、减少和控制海洋环境的污染时采取的行动不应直接或间接将损害或危险从一个区域转移到另一个区域,或将一种污染转变为另一种污染。

(4)各国在使用技术以及在引进外来的或新的物种的时候,有保护海洋环境的义务。各国应该采取一切必要的措施以防止、减少和控制由于在其管辖或控制下使用技术而造成的海洋环境污染,或由于故意或偶然在海洋环境某一特定部分引进外来的或新的物种致使海洋环境可能发生重大和有害的变化。

5.3.2　海洋环境保护国际合作的法律制度

(1)在拟订和制定有关国际性海洋环境保护法律和政策文件时(包括有关海洋规章的科学标准方面)进行国际合作。各国在为保护和保全海洋环境而拟订和制订符合《联合国海洋法公约》的国际规则、标准和建议的办法及程序时,应该在全球性的基础上或在区域性的基础上,直接或通过主管国际组织进行合作,同时考虑区域的符点。各国应参照有关情报和资料,直接或通过主管国际组织进行合作,订立适当的科学准则,以便拟订和制定防止、减少和控制海洋环境污染的规则、标准和建议的办法及程序。

(2)建立通知制度和应急计划制度,在发生海洋环境污染的情况时进行国际合作。当一国获知海洋环境有即将遭受污染损害的迫切危险或已经遭受污染损害的情况时,应立即通知其认为可能受这种损害影响的其他国家以及各主管国际组织,以便及时采取防治海洋环境污染的措施。接到关于海洋开始有即将遭受污染损害的迫切危险或已经遭受污染损害的情况时,受影响区域的各国,应按照其能力,与各主管国际组织尽可能进行国际合作,以消除污染的影响并防止或尽量减少损害。为此目的,各国应共同发展和促进各种海洋污染应急计划,在应付海洋污染事故方面进行国际合作,以有效应付海洋环境污染事故、减少损失。

(3)建立情报交换制度,在研究、研究方案及情报和资料的交换方面进行国际合作。必要的情报和信息资料是防治海洋污染的前提,科学技术手段是防止海洋污染的主要手段。各国应直接或通过主管国际组织进行合作,以促进研究、实施科学研究方案,鼓励交换所取得的关于海洋环境污染的情报和资料。各国应尽力积极参加区域性和全球性方案,以取得有关防治海洋污染、鉴定海洋污染的知识。

5.3.3 保护海洋的技术援助

(1)促进对发展中国家的科学技术援助。首先要制订切实有效的援助方案,各国应直接或通过主管国际组织,促进对发展中国家的科学、教育、技术和其他方面援助,以保护和保全海洋环境,并防止、减少和控制海洋污染。援助方案的内容包括:训练其科学技术人员;便利其参加有关的国际项目;向其提供必要的装备和便利;提高其制造这种装备的能力;就研究、监测、教育和其他方案提供意见并发展设施。其次是当发生海洋污染事故时,要对发展中国家提供适当的援助,以尽量减少可能对海洋环境造成严重污染的重大事故的影响,还要对发展中国家提供关于编制环境评价的适当援助。

(2)对发展中国家实行优惠待遇。为了防止、减少和控制海洋环境污染或尽量减少其影响,各国际组织应在该组织负责的有关款项和技术援助的分配、该组织专门服务的利用等方面,对发展中国家以优惠待遇。

5.3.4 海洋环境监测和评价制度

(1)海洋环境监测制度。各国应在符合其他国家权利的情形下,在实际可行范围内,尽力直接或通过主管国际组织,用公认的科学方法观察、测算、估计和分析海洋环境污染的危险或影响;应特别注意不断地监视其所准许或从事的任何活动的影响,以便确定这些活动是否可能污染海洋环境。各国应发表海洋环境监测报告,或每隔相当期间向主管国际组织提出这种报告;各有关组织应将此类报告提供给所有国家。

(2)海洋环境评价制度。各国如果有合理根据认为在其管辖或控制下的计划中的活动可能对海洋环境造成重大污染或重大和有害的变化,应在实际可行范围内就这种活动对海洋环境的可能影响做出评价,并依照《联合国海洋法公约》规定的方式报送这些评价结果的报告。

5.3.5 对国际和国内海洋环境立法的要求

对国际和国内海洋环境立法的要求主要包括以下几方面。
(1)防治陆源污染。
(2)防治国家控制的海底活动污染。
(3)防治来自"区域"内活动的污染。
(4)防止倾倒污染。
(5)防治船舶污染。

（6）防治来自大气或者通过大气层的污染。

5.4　我国海洋环境保护法

5.4.1　总则

总则讲述了关于海洋环境资源法的目的和适用范围。

根据《海洋环境保护法》第 1 条的规定,将海洋环境资源法的目的总结为六个方面。

（1）保护和改善海洋环境。在"保护"与"改善"同时使用时,"保护"一般指维持环境现状不使其恶化,"改善"一般指治理、改进环境现状。海洋环境资源法的目的不仅是保护海洋环境、不使其质量退化,还要治理和改善海洋环境、不断提高其质量、建设更加舒适宜人的海洋环境。这是从保护对象出发,规定海洋环境资源法的目的。

（2）保护海洋资源。海洋既是重要的环境因素,又蕴藏着极其丰富的自然资源。保护海洋自然资源主要是指合理开发、利用海洋自然资源。"开发"与"利用"并存时,"开发"侧重于挖掘、发挥海洋资源新的功能和潜力,利用未被利用的海洋资源,以及在原有基础上的综合性利用;"利用"侧重于各种现有的、已开发的海洋资源及其功能的使用。合理开发、利用主要指遵循社会经济规律、自然生态规律以及人与自然相互作用的规律,采用先进可行的科学技术手段,以对海洋资源无污染、无破坏或少污染、少破坏的方式方法,对海洋资源进行开发、利用。这是从生产、经济角度对海洋环境保护法的目的进行规定,只有在生产、经济活动中合理开发、利用海洋资源,才能保护和改善环境。

（3）防治海洋污染损害。防治对海洋环境的污染损害,主要指防治废气、废水;固体废物、废热、放射性物质、有毒化学品对海洋的污染损害。这是从防治客体出发规定海洋环境保护法的目的,与前一个目标是一个问题的两个方面,即:要保护和改善海洋环境,保护海洋资源,必须防治海洋污染损害,而防治污染损害则是保护和改善海洋环境的主要方式。

（4）维持生态平衡。海洋是一个巨大的生态系统,海洋生态系统的失衡即破坏生态平衡,会造成海洋环境质量下降、海洋资源破坏、海洋生物物种灭绝等各种灾难性后果,因此海洋环境资源法将维持生态平衡作为其一个重要目标。由于海洋生态系统总是处于一个动态的平衡过程,所以维持生态平衡就是指维持生态系统的良性循环。一般而言,维持生态平衡的要点是保护海洋生物及其栖息环境,维持海洋生态平衡的方法主要是防治海洋环境污染和环境破坏(这里指各种不适当地从海洋取出海洋生物或海洋资源的活动)。前面已经将"防治海洋污染损害"作为一项目标,这一目标主要是强调防治海洋破坏,即防治各种非污染性的海洋活动,如滥捕海洋生物资源等。

(5)保障人体健康。保障人体健康,是防治环境污染立法的基本出发点和起码目标。海洋环境资源法之所以将保障人体健康作为目的,是因为适宜的海洋环境是人们维持健康的身体和幸福生活的物质基础,而现代污染却损害这些环境条件,严重的还会像日本发生的水俣病那样影响人的身心健康、导致人体发生各种疾病、甚至把疾病遗传给后代。同时,人体健康受到损害,就是生产力的破坏,也会影响和阻碍经济、社会的发展。因此,海洋环境资源法首先要为人保障一个安全、无害、卫生、适宜的生活环境,把海洋环境质量保持在有利人体健康的水平;同时要根据经济、社会的发展和人民生活水平的提高,不断改善海洋环境质量,以提高人民的健康水平和生活舒适度。

(6)促进经济和社会的可持续发展。对促进经济和社会的发展,我国各项海洋环境资源法律均有规定。促进经济、社会发展或可持续发展,被认为是与保障人体健康并重的一项基本目标。这是因为,海洋环境资源是经济、社会发展的物质基础和物质源泉,海洋环境资源是决定一个国家、区域的经济、社会发展的方向和规模的重要因素,海洋环境资源的污染和破坏是对经济、社会发展条件的损害。保护海洋环境资源有利于经济、社会的可持续发展。另外,只有经济、社会的可持续发展,才能为海洋环境保护提供必要的经济、技术条件,才能保障、提高人的健康水平和生活舒适性。

我国《海洋环境保护法》第2条规定:"本法适用于中华人民共和国内水、领海、毗连区、专属经济区、大陆架以及中华人民共和国管辖的其他海域。"它规定了《海洋环境保护法》的适用范围。

中华人民共和国的领土包括领陆、领水、领空(指领陆、领水之上的空中空间)和领陆、领水之下的底土。领海为邻接中华人民共和国陆地领土和内水的一带海域;领海宽度从领海基线算起为12海里;领海基线采用直线法划定,由各相邻基点之间的直线组成;领海的外部界限为一条其每一点与领海基线的最近点距离等于12海里的线。

中华人民共和国对领海的主权及于领海的上空、领海的海床及底土。关于内水的范围,目前存在着不同的理解。"内水"是领海基线向陆地一侧的水域,"内水又包括江、河、湖和内海"。

根据《海洋法公约》第 55 条的规定,"专属经济区是领海以外并邻接领海的一个区域",其宽度从测算领海宽度的基线量起不超过 200 海里。

根据《海洋法公约》第 76 条的规定,大陆架是包括其领海以外依其陆地领土的全部自然延伸,扩展到大陆边外缘的海底区域和底土,如果从测算领海宽度的基线量起到大陆边的外缘的距离不到 200 海里的距离,则扩展到 200 海里的距离。

5.4.2　海洋环境监督管理

我国现行海洋环境保护监督管理体制的特点是,环境保护行政主管部门统一指导、协调和监督与各有关部门分工负责相结合,中央级监督管理与地方分级监督管理相结合。

(1)国务院环境保护行政主管部门的职责。

国务院环境保护行政主管部门作为对全国环境保护工作统一监督管理的部门,对全国海洋环境保护工作实施指导、协调和监督,并负责全国防治陆源污染物和海岸工程建设项目对海洋污染损害的环境保护工作。具体职责包括:协调跨部门的重大海洋环境保护工作;审查批准经中华人民共和国管辖的其他海域转移危险废物;向国务院有关部门收集编制全国环境质量公报所必需的海洋环境监测资料,并向有关部门提供与海洋环境监督管理有关的资料;对国家海洋行政主管部门拟定的可以向海洋倾倒的废弃物名录和国家海洋行政主管部门选划海洋倾倒区进行审核并提出意见;根据分工,负责对某些海岸工程建设项目环境影响报告书的审批和相应的"三同时"环境保护措施的验收;根据全国海洋环境监测网的分工,负责有关入海口、主要排污口的监测;负责对有关部门海洋环境保护监督管理活动进行备案,包括对国家海洋行政主管部门制定的全国海洋石油勘探开发重大海上溢油污染事故应急计划进行备案,对国家海洋行政主管部门选划的临时性海洋倾倒区进行备案。另外,国务院环境保护行政主管部门还有相应的现场检查权、行政处罚权和会同有关部门进行有关海洋环境保护监督管理的权力。

(2)国家海洋行政主管部门的职责。

国家海洋行政主管部门负责海洋环境的监督管理,组织海洋环境的调查、监测、监视、评价和科学研究,负责全国防治海洋工程建设项目和海洋倾倒废弃物对海洋污染损害的环境保护工作。具体职责包括:会同国务院有关部门和沿海省、自治区、直辖市人民政府拟定全国海洋功能区划,报国务院批准;按照国家环境监测、监视规范和标准,管理全国海洋环境的调查、监测、监视,制定具体的实施办法,会同有关部门组织全国海洋环境监测、监视网络,定期评价海洋环境质量,发布海洋巡航监视通报;按照国家制定的环境监测、监视信息管理制度,负责管理海洋综合信息系统,为海洋环境保护监督管理提供服务;负责制定全国海洋石油勘探开发重大海上溢油应急计划,报国务院环境保护行政主管部门备案;对由国务院环境保护行政主管部门审核环境影响报告书的海岸工程建设项目提出审核意见;核准海洋工程建设项目环境影响报告书,并报环境保护行政主管部门备案;对海洋工程建设项目的环境保护设施进行验收;审批勘探开发海洋石油的溢油应急计划;审批发放海洋倾废许可证;制定海洋倾倒废弃物评价程序和标准;拟定可以向海洋倾倒的废弃物名录,选划海洋倾倒区,经国务院环境保护行政主管部门提出审核意见后,报国务院环境保护行政主管部门备案;监督管理倾倒区的使用,组织倾倒区的环境监测;对经确认不宜继续使用的倾倒区,予以封闭;在法定权限内代表国家对破坏海洋生态、海洋水产资源、海洋保护区,给国家造成重大损失的责任者提出损害赔偿要求;在职责范围内行使相应的现场检查权、行政处罚权和会同有关部门进行有关海洋环境保护监督管理的权力。

(3)国家海事行政主管部门的职责。

国家海事行政主管部门负责所辖港区水域内非军事船舶和港区水域外非渔业、非军事船舶污染海洋环境的监督管理,并负责污染事故的调查处理。具体职责包括:对在中华人民共和国管辖海域航行、停泊和作业造成的污染事故登轮检查处理;负责制定全国船舶重大海上溢油污染事故应急计划,报国务院环境保护行政主管部门备案;对国务院环境保护行政主管部门审批环境监督报告书的海岸工程建设项目、国家海洋行政主管部门核准环境影响报告书的海洋工程建设项目提出意见;对国家海洋行政主管部门选划海洋倾倒区和批准临时性海洋倾倒区的方案提出意见;对船舶发生海难事故,造成或者可能造成海洋环境重大污染损害的,强制采取避免或者减少污染损害的措施;在职责范围内行使相应的现场检查权、行政处罚权和会同有关部门进行有关海洋环境保护监督管理的权力。

(4)国家渔业行政主管部门(在原《海洋环境保护法》中为渔政渔港监督)的职责。

国家渔业行政主管部门负责渔港水域内非军事船舶和渔港水域外渔业船舶污染海洋环境的监督管理,负责保护渔业水域生态环境工作;参与调查处理对渔业造成损害的船舶污染事故,负责调查处理船舶污染事故给渔业造成损害以外的渔业污染事故;对国务院环境保护行政主管部门审批环境影响报告书的海岸工程建设项目提出意见;在职责范围内行使相应的现场检查权、行政处罚权和会同有关部门进行有关海洋环境保护监督管理的权力。

(5)国务院、地方人民政府和其他有关部门的职责。

跨部门等重大海洋环境保护工作,由国务院环境保护行政主管部门协调;协调未能解决的,由国务院作出决定。沿海县级以上地方人民政府行使海洋环境监督管理权的部门的职责,由省、自治区、直辖市人民政府根据《海洋环境保护法》的规定确定。跨区域的海洋环境保护工作,由有关沿海地方人民政府协商解决,或者由上级人民政府协调解决。军队环境保护部门的职责主要是负责军事船舶污染海洋环境的监督管理及污染事故的调查处理。

5.4.3 海洋生态保护

(1)采取措施、重点保护。国务院和沿海地方各级政府应当采取有效措施,保护红树林、珊瑚礁、滨海湿地、海岛、海湾、入海河口、重要渔业水域等具有典型性、代表性的海洋生态系统,珍稀、濒危海洋生物的天然集中分布区,具有重要经济价值的海洋生物生存区域及有重大科学文化价值的海洋自然历史遗迹和自然景观。对具有重要经济、社会价值的已遭到破坏的海洋生态,应当进行整治和恢复。

(2)海洋生态保护区制度。国务院有关部门和沿海省级政府应当根据保护海洋生态的需要,选划、建立海洋自然保护区。国家级海洋自然保护区的建立,须经国务院批准。根据海洋环境保护法第二十二条的规定,凡具有下列条件之一的,应当建立海洋自然保护区:

典型的海洋自然地理区域、有代表性的自然生态区域,以及遭受破坏但经保护能恢复的海洋自然生态区域;

海洋生物物种高度丰富的区域,或者珍稀、濒危海洋生物物种的天然集中分布区域;

具有特殊保护价值的海域、海岸、岛屿、滨海湿地、入海河口和海湾等;

具有重大科学文化价值的海洋自然遗迹所在区域;

其他需要予以特殊保护的区域。

凡具有特殊地理条件、生态系统、生物与非生物资源及海洋开发利用特殊需要的区域,可以建立海洋特别保护区,采取有效的保护措施和科学的开发方式进行特殊管理。

5.4.4 防治陆源污染物对海洋环境的污染损害

陆源污染物种类非常多,包括了几乎陆上产生的所有污染物种类及能量,是主要的海洋污染源之一。它们通过沟、渠、江、河及排污管道排入海洋,造成海洋环境污染损害。

(1)限制某些陆源污染物排放。

这些物质包括含放射性的废水、工业废水和生活污水、含热废水以及含农药的污水。若要排放,都必须经过处理,使之符合国家有关规定的标准。未经批准,不得在岸滩堆放尾矿、矿渣、煤灰渣、垃圾和其他废弃物,防止流失入海造成污染。

(2)保护好入海河流水质。

沿海各省级环保部门和水产管理部门,应加强入海河流的管理,防治污染,使入海河口出的水的水质处于良好状态。

(3)防止富营养化。

富营养化对渔业生产损害极大,主要发生在海湾、半封闭海及其他自净能力较差的海域,形成"赤潮"。

5.4.5 防治海岸工程建设项目对海洋环境的污染损害

海岸工程建设项目,是指位于海岸或与海岸连接,为控制海水或利用海洋完成部分或全部功能,并对海洋环境有影响的基本建设项目和区域开发工程建设项目。为防止海岸工程建设项目对海洋环境的污染,我国法律规定:

(1)严格执行环境影响评价制度,包括建造港口和码头、开发滩涂、围海造田,以及采挖砂石,都必须严格执行环境影响评价制度,并采取防治污染和破坏海洋环境的措施等。

(2)注意采取措施,保护水产资源。

(3)港口、油码头应设置废物接收处置设施,配备防污器材和监视、报警装置。

(4)严格控制围海造地等围海工程以及采挖砂石。

(5)禁止破坏生态环境,包括毁坏防护林、风景林、风景石、红树林、珊瑚礁。

5.4.6 防治海洋工程建设项目对海洋环境的污染损害

目前,海洋工程主要涉及的是海洋石油勘探开发工程。海洋环境保护法做出以下规定:

（1）海洋工程建设项目必须符合海洋功能区划、海洋环境保护规划和国家有关环境保护标准，严格实施环境影响评价和"三同时"制度。

（2）海洋工程建设项目需要爆破作业时，必须采取有效措施，保护海洋资源。

（3）海洋排污控制。海洋石油勘探开发及输油过程中，必须采取有效措施，避免溢油事故的发生。海洋石油钻井船、钻井平台和采油平台的含油污水和油性混合物，必须经过处理达标后排放；残油、废油必须予以回收，不得排放入海。经回收处理后排放的，其含油量不得超过国家规定的标准。钻井所使用的油基泥浆和其他有毒复合泥浆不得排放入海。水基泥浆和无毒复合泥浆及钻屑的排放，必须符合国家有关规定。海洋石油钻井船、钻井平台和采油平台及其有关海上设施，不得向海域处置含油的工业垃圾。处置其他工业垃圾，不得造成海洋环境污染。海上试油时，应当确保油气充分燃烧，油和油性混合物不得排放入海。勘探开发海洋石油，必须按有关规定编制溢油应急计划，报国家海洋行政主管部门审查批准。

5.4.7　防治倾倒废弃物对海洋环境的污染损害

向海洋倾倒废弃物，是指利用船舶、航空器、平台及其他载运工具，向海洋处置废弃物和其他物质；向海洋弃置船舶、航空器、平台和其他海上人工构造物等。海洋倾倒废弃物极易造成海洋环境污染，为此我国法律规定实行海洋倾倒废弃物的许可证制度。任何需要倾倒废弃物的单位，必须向国家海洋管理部门申领许可证之后，按注明的期限及条件，到指定的区域进行倾倒。任何单位未经批准和未取得许可证，不得向我国海域倾倒废弃物。

5.4.8　防治船舶及有关作业活动对海洋环境的污染损害

航行于海上或停靠港口的各种船舶，经常产生油类、油类混合物和其他有毒有害物质，如不实行严格控制，会对海洋造成污染损害。法律除了严格禁止任何船舶违法在我国管辖海域排放油类、油类混合物、废弃物和其他有害物质，还对船舶的防污设备和措施、油类记录簿和油污损害民事责任财务信用证书等，做出了规定，以避免或减少船舶对海洋的污染损害。

5.5 海洋环境标准

海洋环境标准是针对海洋环境调查、海洋环境保护、海洋环境预报、海洋环境信息的需要而制定的,是属于海洋标准体系的一个子标准体系。

海洋环境标准的依据是《中华人民共和国标准化法》、《中华人民共和国标准化法实施条例》、《国家标准管理办法》、《行业标准管理办法》、《全国专业标准化技术委员会管理办法》、《全国专业标准化技术委员会章程》、《海洋标准化管理规定》和《全国海洋标准化技术委员会章程》。

5.5.1 我国海洋环境保护标准发展史

(1)新中国成立初到 20 世纪 60 年代。

在我国,20 世纪五六十年代,是国民经济恢复和国家第一个至第三个五年建设计划时期。在这一时期中,国家注重恢复发展传统海洋产业,相应的海洋政策仅仅涉及盐业、渔业等少数几项海洋产业。海洋事业方面制定的法规大都是为了加强行政管理,对海洋环境的重视不够,由于科技水平比较落后,因此没有制定关于海洋环境标准的文件。

(2)20 世纪 60~70 年代。

这一阶段海洋环境标准制定的突出特点是针对工业污染源和海上石油污染。1973 年是我国环境保护起步阶段,首先发布实施了《工业"三废"排放试行标准》,参考世界各国排放标准,结合我国实际情况,要求做到既能防止危害,又在技术上可行。该规定的内容包含了废水排放的若干规定等,主要体现了当时我国环境保护的主要目标是对工业污染源的控制,主要控制污染物是重金属、酚、氰等 19 项水污染物。该标准在我国环境保护初期,对控制工业污染源污染海洋间接产生了重要作用,可以说是第一个涉及海洋环境标准的文件。

海上石油运输事业迅速发展,油轮运输事故日益增多,海洋石油污染成为威胁我国海洋环境的突出问题,为了防止我国沿海水域污染,1974 年 1 月国务院批准试行《中华人民共和国防止沿海水域污染暂行规定》,该规定对沿海水域的污染防治,特别是对船舶压舱水、洗舱水和生活废弃物的排放,作了详细的规定。该规定为以后设计专门的防止油类污染物污染海洋的海洋标准做了一定的准备工作。

(3)20 世纪 80 年代。

这一阶段海洋环境标准的制定主要是针对船舶污染海洋及陆上综合污水。

进入 20 世纪 80 年代,海洋环境保护问题正式提到国家的议事日程,海洋环境保护的法制建设有了更加迅速的发展,1982 年 4 月国务院环境保护领导小组颁布了《海水水质标准》,规定了海水水质分为三类及每类海水中有害物质最高容许浓度。这是我国的第一部海洋环境质量标准。

为配合《海洋环境保护法》中关于海洋环境标准规定的实施,1983 年我国实施了《船舶污染物排放标准》,规定了船舶含油污水、船舶生活污水及船舶垃圾的最高容许排放浓度,1985 年实施了《船舶工业污染物排放标准》和《海洋石油开发工业含油污水排放标准》。这些标准都是为了规范向海洋直接排放含油污水的行为,这些海洋环境标准的制定有助于更好地实施海洋环境标准,使《海洋环境保护法》中规定的标准真正有标准可依据。

1984 年 5 月,我国颁布了《中华人民共和国水污染防治法》,明确规定了水环境质量标准和污染物排放标准的制定(修订)、实施、管理监督,使水环境标准制度有了法律保障。因为陆地水质与海洋水质有密切的联系,水环境质量标准和污染物排放标准的规定对于海洋环境标准有重要的作用。

20 世纪 80 年代,有机污染日趋严重,城市污水等生活污染问题愈加突出,主要工业部门的有机污染也不断增加,对海洋环境造成了巨大的压力。因此,我国在 80 年代制定了《综合污水排放标准》,并且对轻工、冶金等 30 多个主要行业制定了行业水污染物排放标准 31 项,从标准上进一步加强对主要工业污染源的水污染物的排放控制。这些行业水污染源排放标准的制定和实施对海洋环境标准也是重要的完善。

(4)20 世纪 90 年代以后。

这一阶段主要进行了有关海洋环境标准的修订和协调工作,同时制定了《海洋标准化管理办法》,海洋环境标准的制定更具规范性。

海洋环境标准的发展加快了步伐,有关部门结合标准的清理整顿工作,提出综合排放标准与行业排放标准不交叉执行的原则。结合新的标准体系和 2000 年环境目标的要求,对《污水综合排放标准》再次进行修订。新标准于 1996 年发布。新修订的主要内容是形成了综合污水排放标准和行业水污染物排放标准两类标准。与此同时,也对部分国家行业水污染物排放标准进行了修订,有些排放标准则予以废止。

随着《渔业水质标准》制定出台,《海水水质标准》也得到了修订,在原来 3 类水质标准的情况下改为 4 类,并且对海水水质标准有了更加细致的规定,增加了海水水质的分析方法,更具有操作性。

为了规范海洋标准化活动,提高海洋标准的科学性、协调性和适用性,制定了《海洋标准化管理办法》,明确规定对海洋环境保护的各项要求和检测、分析、检验方法应当制定海洋标准,并且对海洋标准的范围、立项、制修订、审批、复审等作出了明确的规定,使得有关海洋环境标准的一系列活动更加规范化。

5.5.2 环境标准的意义和作用

环境标准是有关控制污染、保护环境的各项标准的总称。它应当解决的主要问题包括:人类健康及其生命支持系统和社会财产不受损害的环境适宜条件是什么? 为了保障社会持续发展,人类的生产、生活活动对环境的影响和干扰应控制的限制和数量界限是什么?

前者是环境质量标准的任务,后者是污染物排放标准的任务。由这两方面的含义出发环境标准可被定义为:为保护人类及其生命支持系统和社会财产,对环境中有害成分或有害因子的存在强度及其在排放源的发生强度所规定的阈值和与实现阈值或阈值测量有关的技术规范。

环境标准在环境保护中起着重要的作用。它在控制污染、保护环境中的作用主要表现在以下方面。

(1)环境标准是制定环境规划、计划的主要依据。在制定环境规划时,需要有一个明确的目标,而环境目标就是根据环境质量要求提出来的。如同制定经济计划需要生产指标一样,制定保护环境的计划也需要一系列的环境指标,环境质量标准和按行业制定的与生产工艺、产品产量相联系的污染物排放标准正是起到这种作用的指标。有了国家制订的环境质量标准和排放标准,国家和地方政府就可以较为容易地根据它们来制定控制污染、改善环境的规划和计划,也便于将环境保护工作纳入国民经济和社会发展计划中。

(2)环境标准是环境执法的尺度。环境标准是环境保护的技术规范和法律规范有机结合的综合体,因此,它也是环境法规的组成部分。环境标准是用具体数字来体现环境质量和污染物排放应控制的界限、尺度。超越这些界限,污染了环境,即违背了环保法。环境法规的执法过程与实施环境标准是同一过程,如果没有各类标准,这些法律将难以具体执行。据统计,世界上制定环境标准的近百个国家中,半数以上国家的标准属于法律范畴。

(3)环境标准是科学保护环境的技术基础。环境的科学保护包括环境立法、政策制定、环境规划、环境监测和环境评价等方面。环境标准是环境立法、执法的尺度,是环境决策、环境规划所确定的环境质量目标的体现,是环境影响评价的依据;监测、监督环境质量和污染源排污是否符合要求的标尺。因此,环境标准是科学保护环境的技术基础,是评判环境质量优劣的依据,如果没有切合实际的环境标准,这些工作的效果就很难评定,也难以进行科学的环境保护。

5.5.3　制定海洋环境标准的原则和程序

中华人民共和国标准委员会和国家技术监督局对环境标准化工作实行领导,负责组织国家环境标准的制定、审批、发布,并根据科学技术的发展和环境建设的需要适时进行复审,以确认现行标准继续有效或予以修订、废止。

省、自治区、直辖市人民政府对国家环境质量标准和污染物排放标准中未作规定的项目,可以制定地方环境质量标准和污染物排放标准。对国家环境质量标准和排放标准中已作规定的项目,根据当地特殊条件和技术经济分析结果可以制定严于国家环境标准的地方标准。

5.5.3.1　制定环境标准的原则

(1)制定环境标准要贯彻国家环境保护方针、政策和法规,要结合我国国情,做到环境效益、经济效益和社会效益相统一;

(2)标准的制定要建立在科学实验、调查研究的基础上,做到技术上可靠、经济上合理,以保证标准的科学性和严肃性;

(3)制定环境标准须做到与其他相关标准协调配套;

(4)鼓励积极采用国际环境标准。

5.5.3.2　制定环境标准的程序

组成多学科标准编制组,制订工作计划。全面开展调查研究工作,这是编制工作的技术基础,有如下几个方面:

(1)环境基准研究。通过基础实验和对他人基准资料进行研究、综合分析,主要确定分级界限值,如我国制定《海水水质标准》时,就大量参考了《美国联邦水质基准》,并补充开展了大量基础实验工作。

(2)污染现状调查及评价。主要内容是调查、分析、研究历年的监测资料和各部门掌握的数据。确定环境介质中的主要污染物、背景值、污染现状水平和扩散稀释的特点和规律。目的是确定标准中污染物项目,掌握待定分级、分区标准的基础资料。

(3)监测方法研究。包括布点、频率、采样、分析测试、数据处理等的方法,这是必须与标准同时确定的。

(4)技术经济调查。初步掌握要达到各级标准的污染物削减量和与之对应的工艺、技术和综合防治手段,并考察其经济性。

(5)初拟分级标准。在全面调查和专题研究的基础上,进行综合分析,初步拟定分级标准值。

(6)可行性调查验证。可组织召开专家评审会,听取专家评审意见,向全国省、市、各部门、各有关科研、监测单位发出征求意见稿,不同地区的意见听取会、典型地区(水域)调查验证等几种形式。验证标准可行性是很重要的工作环节。国际标准在制定过程中要经过多数国家的验证认定后,才能投票表决。全国性的标准一般选择典型地区(水域)进行验证。验证工作量大,需要时间长。因环境质量标准起到保护环境的作用,一般来说要通过排放标准的实施才能实现;而排放标准的制定又受到质量标准的约束,二者互为检验。

(7)审批阶段。各典型地区(水域)经检验证明标准可行即可进入审批阶段。

(8)批准和发布。最终经主管部门批准和发布。

5.5.4 环境标准体系

人们根据环境标准的特点和要求,将颁布的或计划制定的各种环境标准进行全面规划,统一协调,按照它们的性质、功能和内在联系进行分级、分类,构成一个有机联系的统一体,称之为环境标准体系。

我国目前的环境标准体系,由两级五类构成:两级是国家环境标准和地方环境标准;五类是环境质量标准、污染警报标准、污染物排放标准、环境保护基础标准和环境保护方法标准。

(1)环境质量标准。环境质量标准指在一定的时间和空间范围内,对环境质量的要求所作的规定。或者说,它是为了保护人体健康、生态平衡和社会物质财富,对环境中各种有毒有害物质或因素的容许强度作出的规定。环境质量标准可以主导、影响、制约其他环境标准,为环境保护管理部门提供工作方向和依据。

环境质量标准分为国家环境质量标准和地方环境质量标准两级。前者是指国家对各类环境中的有毒有害物质或因素,在一定的条件下容许浓度所作的规定。如1997年我国经修订颁布的《海水水质标准》,其中根据不同情况和要求,将海水水质标准分为四类。同时,国家环境质量标准还包括中央各个部门对一些特定的地区,为了特定的目的要求而制定的标准,如《渔业水质标准》等。

我国地域辽阔,环境情况复杂,国家环境质量标准不可能包揽全部。对于那些没有规定的项目,地方可按照法定程序,结合当地的环境特点制定地方环境质量补充标准即地方环境质量标准。它是国家环境质量标准的补充和完善,是制定地方污染物排放标准的依据之一。

(2)污染物排放标准。为了实现环境质量标准,结合技术经济条件和环境特点,对污染源排入环境的污染物或有害因素的浓度实施控制的标准,或者说是对排入环境的污染物的允许排放量或排放浓度。它的制定对直接控制污染、保护和改善环境质量、防治环境污染具有重要作用。因为污染物排放标准是实现环境质量标准的重要保证,规定了污染物排放标准,有效控制污染物的排放,环境质量标准的实现才有可能;同时,污染物排放标准又是控制污染源的重要手段。它的制定和执行,使对污染源排污进行强制性控制,包括超标征收排污费等,有了依据能促使排污单位采取各种有效措施加强治理,使其污染物的排放达到国家规定的标准。

污染物排放标准也分为国家污染物排放标准和地方污染物排放标准两级。

为了实现国家环境质量标准的要求,以常见的污染物为主要控制对象而制定的标准,规定了污染源排放污染物的浓度和数量,适用于全国,这是国家污染物排放标准。如由国家环境保护局批准颁布的《中华人民共和国国家标准——污水综合排放标准》,该标准适用于排放污水和废水的一切企、事业单位。

除上述污水综合排放标准外,我国还制定了部分行业的污染物排放标准,如 1983 年颁布的 10 项工业污染物排放标准;通用专业污染物排放标准,如全国电镀专业污染物排放标准;全国噪声、震动、电磁波辐射等物理污染标准等。

地方污染物排放标准是指地方控制污染源排放污染物所制定的标准,它既要根据国家环境质量标准和污染物排放标准,又要符合地方环境质量标准,还要结合地方环境特点和技术经济条件的可能性。它是实现国家环境质量标准和防止地方产生新污染源的可靠保证,因而它对地方污染源排放污染物具有直接的法律约束力;同时,它补充和完善了国家污染物排放标准。

(3)污染警报标准。污染警报标准是指环境污染物造成环境状况恶化,其污染水平达到一定程度而报警的规定。这种污染物或指单一或指两种以上的,其数值和浓度达到某种危害水平的值,此限值就是污染警报标准,并有必要在污染区城内,及时向社会发出警报。根据环境恶化的不同程度,将环境警报标准分为警告、紧急和危险三种标准。它对于防止污染事故的发生,避免或减少损失,有针对性地治理污染都将起到重要的作用。

(4)环境保护基础标准。环境保护基础标准指在环境保护工作范围内,对有指导意义的有关名词术语、符号、指南、导则等所作出的规定。在环境标准体系中它处于指导地位,是制定其他环境标准的基础。如我国 1983 年颁布的《制定地方水污染物排放标准的技术原则与方法》就是环境保护基础标准。

(5)环境保护方法标准。环境保护方法标准指在环境保护工作范围内,以试验、分析、抽样、统计等方法作为对象而制订的标准,包括分析方法、取样方法等。如国家海洋局1991年发布、1992年开始实施的《海洋监测规范》。有了统一的环境保护方法标准,才能提高环境监测数据的准确性,保证环境监测质量;否则,对于复杂多变的污染环境因素的存在,将难以或无法执行标准。

各种环境标准之间互相联系、互相依存、互相补充、共同构成一个统一的整体,具有配套性;同时,各个环境标准之间又互相衔接、互为条件、协调发展,又具有协调的特性。但是,这个体系不是一成不变的,它与社会发展的每个时期的科技和经济发展水平,以及环境污染对人类危害的状况相适应。同时随着人类社会的发展,尤其是科技的进步和经济的发展,以及环境保护的需要,这个环境标准体系也将不断变化、充实和发展。

5.5.5 各项环境标准间的关系

(1)五类环境标准的相互关系。五类环境标准是互相联系、互相制约的。环境质量标准是环境质量的目标,是制定污染物排放标准的主要依据;污染物排放标准是实现环境质量标准的主要手段和措施;污染警报标准,实际上是污染物排放标准的另一种表达形式,它的制定依据是环境质量标准,并为环境质量目标服务;环境保护基础标准是制定环境质量标准、污染物排放标准、污染警报标准、环境保护方法标准的总体指导原则、程序和方法;环境保护方法标准是制定、执行环境质量标准、污染物排放标准、污染警报标准的重要技术根据和方法。

(2)两级环境标准的相互关系。国家制定的全国环境质量标准、污染物排放标准、污染警报标准、环境保护基础标准、环境保护方法标准,在全国各地或特定区域执行。当地方执行国家环境质量标准、国家污染物排放标准或污染警报标准不适于地方环境特点和要求时,省、自治区、直辖市人民政府有权组织制定地方环境质量标准、污染物排放标准、污染警报标准。此时,国家环境标准则成为制定地方环境标准的依据,是指导标准,而地方环境标准则是执行标准。国家环境标准的执法作用,通过地方环境标准对污染源的控制而实现。在制定地方环境质量标准时,对国家没有规定的项目,可制定补充标准;对已确定的项目一般不宜变动。在国家环境标准和地方环境标准并存的情况下,要执行地方环境标准;没有颁布地方环境标准的地区或地方环境标准没有规定的,仍然执行国家环境标准。这在我国《环境保护法》第十条中也有规定:"凡是向已有地方污染物排放标准的区域排放污染物的,应当执行地方污染物排放标准。"

环境基础标准和环境方法标准则由国家统一颁布,适用于全国。前者如

《环境标准管理导则》,后者如我国的《海洋监测规范》。

总之,国家环境标准是按全国一般情况制定的,而地方环境标准是紧密结合地方环境特点,以及科技、经济条件等制定的。两者是一般和特殊、共性和个性的关系,前者是后者的根据,后者是前者的补充和完善,是一个完整的统一体。

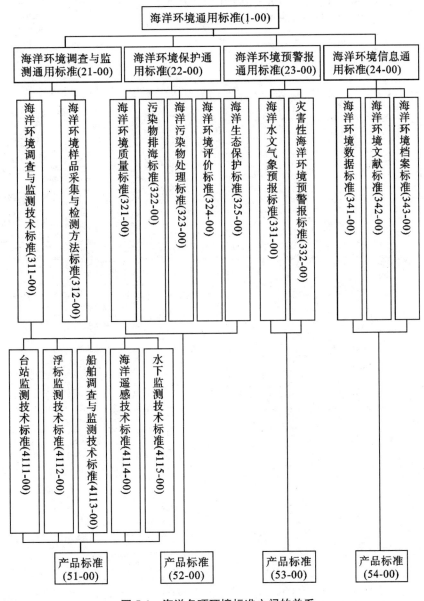

图5-1　海洋各项环境标准之间的关系

思考题：

1. 联合国海洋法公约中对海洋环境保护的一般规定和有关制度有哪些？
2. 我国海洋环境保护管辖的区域范围有哪些？
3. 我国现有海洋环境保护的法律、法规有哪些方面？
4. 试述制定海洋环境标准的意义和作用。

6　海洋环境保护的任务

海洋环境保护内容丰富、综合性很强。随着时代的进展、研究的深入和新的环境问题的产生,海洋环境保护的任务也会不断增加。所以不同时期必然有不同的保护基本任务。

目前海洋环境保护的主要任务是:防治陆源污染物对海洋环境的污染损害、防治倾倒废弃物对海洋环境的污染损害、防治海洋石油勘探开发对海洋环境的污染损害、防治海洋工程建设项目对海洋环境的污染损害、防治船舶及有关作业活动对海洋环境的污染损害、海洋自然保护区防护等。

6.1　防治陆源污染物对海洋环境的污染损害

陆源污染是指陆地产生的污染物(包括各种含有害成分的废液、废水、城市垃圾、工业废弃物等)通过不同的渠道(包括自然的,如江河、溪流等;人为的,如倾倒、堆放、污水管道等)进入并污染海洋的过程和结果。

6.1.1　陆源污染物对海洋环境的影响

海洋污染损害,绝大部分来自陆源。一般认为约有80％的海洋污染是陆源污染物造成的。在杰拉尔德·J·曼贡所著的《美国海洋政策》一书中,将污染海洋的物质来源归纳为五个方面,其中首要的是陆源污染物。他在统计资料基础上作了如下一段记述,人类生活和工业废物是海洋污染物质第一大的来源,"每天有成百万加仑的溶解有机质和无机质变为河床沉积物的组成部分,或者直接流进附近的海域。据统计,1975 年美国人每天用水 3 840 亿加仑(1 升＝0.22加仑),其中 1 270 亿加仑用于灌溉,300 亿加仑用于公共设施,50 亿加仑用于城乡家庭生活,650 亿加仑用于工商业,还有 1 570 亿加仑用于发电。这些巨大的水流把各种粉尘、碎料、刨花、污垢、废油、粪便、黏液、浮沫、污物、破片、弃土、酸性物质、残渣以及人类文明的其他数不胜数的残余物从陆地上冲刷下来,或通过管道排放到海中。"这里只是记述美国的情况,放眼全球海域,从陆地进入海洋的污染物数量更为庞大。据联合国权威机构统计,仅倾倒的废弃物就达到每年几十亿吨以上。中国海域的情况,也反映出陆源污染物对海洋环境污染的控制作用,据报道,经河口流入黄海的污染物每年约达 356 638 吨,其中含有机物 35.1 万吨、汞 2.4 吨、铜 259.9 吨、铅 140.7 吨、锌 81.2 吨、镉 10.9 吨、油类 2 109.1 吨、有机氯农药 6.3 吨等。

大量的陆源污染物进入海洋,对海洋环境的破坏是十分突出的,每年因陆源排放导致的海洋污染事件也最多。其危害的潜在隐患自不必论,仅急性与突发灾害就层出不穷,例如日本沿岸、近海在 20 世纪 70 年代每年的污染事件从数百到数千起。80 年代以来,发达国家陆源污染突发事件,似有所遏制,但并未解决,仍不时发生。与此相反,更多发展中国家的邻接海域污染却呈增加的趋势。例如我国近海区域,由于沿海经济高速发展,工业企业和人口流动性增加,需要向海洋倾倒、排放的垃圾和废弃物成倍上升,加之净化或防污染处理不够,有的甚至不经处理直接入海,使沿岸河口、海湾和近海遭受不同程度污染,突发性的污染灾害事件经常发生,其中损失严重的污染事件,每年都要发生许多起。

1990 年,河北省丰南县黑沿子镇大量对虾死亡和青岛胶州湾大多数养殖场绝产事件;1991 年,山东莱州湾、苏北沿岸海域和海州湾大面积水域鱼虾死亡事件;1992 年,广东外伶仃岛附近海域贝类、鱼类中毒死亡事件等。这些灾害的造成,基本上都是沿岸工厂排污所致,像 1990 年 4 月丰南对虾死亡,系由丰南碱厂的碱渣和废水向海排放,海水中铅的浓度超标 6～7 倍,使黑沿子镇九个对虾育苗孵化池的 15 000 余尾对虾全部死亡。总之,陆源污染对海洋环境影响极大,在近海起着控制性的作用,为改善海洋环境必须重点做好防止陆源污染的保护工作。

6.1.2 陆源污染管理

开展陆源污染管理的核心,是严格贯彻执行有关法律制度。我国 1990 年颁布、施行了《中华人民共和国防治陆源污染物污染损害海洋环境管理条例》。该条例的宗旨是"为加强对陆地污染源的监督管理,防治陆源污染物损害海洋环境"。从几年的实施情况来看,这项法规虽有不够完善之处,但若能够切实执法仍可以达到防止陆源污染海洋的基本目标。

6.1.2.1 污染物排放管理

沿海工矿企业、城镇向海排放陆源污染物,必须遵守以下规定:

首先，要履行申报登记制度。按法规要求："任何单位和个人向海洋排放陆源污染物，必须向其所在地环境保护行政主管部门申报登记拥有的污染物排放设施、处理设施和正常作业条件下排放污染物的种类、数量和浓度，提供防治陆源污染物污染损害海洋环境的资料，并将上述事项和资料抄送海洋行政主管部门。"主管部门在受理申报时，要对登记单位提供的资料进行核定，特别是处理设施的规格与性能，要测试验证经其处理的废液、废水能否达到国家和地方发布的污染物排放标准和有关规定。申报单位将申报全部资料抄送海洋行政主管部门也是一个重要问题。海洋行政主管部门负责海洋资源、海洋环境等的综合管理，掌握陆源污染物的排放情况，协助环境部门做好监督和采取必要的预防措施是完全必要的。从实践考察，此点由于被忽视，应在保护上引起注意。

第二，对污染物排放实行控制。向海洋排放的污染物，一般都不应该超过国家和地方制定的环境标准，如果限于设备技术和其他不可克服的原因，而超标排放的，需征收超标排污费，并负责环境损害的治理工作，维持海洋环境的良好状况。

第三，对污染敏感区和生态脆弱区实施特别政策，禁止向海洋自然保护区、海洋风景旅游区、盐场保护区、海水浴场、海水增养殖区、重要渔业水域、海洋科学试验区等保护海域排放污染物，不得在这些区域设置排污口，以保护这些区域的自然景观与生态环境。

第四，禁止法律允许范围之外的污染物排放。有关法律规定，禁止向海洋排放含高、中放射性物质的废水，1993年伦敦海洋倾废会议提出禁止一切含放射性物质的倾倒或排放，我国已表态同意执行。此点将要对国内法提出修正。今后低放射性物质将不允许向海洋排放。另外，向海洋排放含油废水、含有害重金属废水、含病原体废水、含热废水、富含营养盐和有机质的工业与生活废水，以及其他工业废水等，都必须经过处理，并符合规定标准后才可以向海洋排放，处理过程产生的残渣不得弃入海洋。还有，在排放方式上，禁止使用不正当的稀释、渗透的办法排放有毒、有害废水等。

6.1.2.2　在沿岸区堆放、弃置和处理固体废物的管理

在沿岸滩涂或其他海岸带区域堆放、弃置或处理固体废弃物，会经过风力、波浪、水流或降雨坡面流等力量搬运入海，或溶解于水中入海。为防止通过这种途径污染海洋，要禁止在岸滩区擅自堆放、弃置或处理固体废弃物。根据需要必须临时堆放和处理固体废弃物的，应履行审批手续，只有经行政主管部门

审查批准后，才可临时堆放和处理。即使批准的，使用单位或个人，也要按要求建造防护堤防渗漏、防扬尘等设施，保证在使用过程中没有废弃物入海。被批准的废弃物堆放场和处理场，使用单位不得堆放、处理未经批准的其他种类废弃物，也不准露天堆放含剧毒、放射性、易溶解和易挥发的废弃物等。

6.1.3 陆源污染物排海管理中的问题

陆源污染物损害的最终对象是海洋环境与资源。我国《防治陆源污染物污染损害海洋环境管理条例》的主管部门是各级环境行政部门，因此便出现了三个问题：一是陆源污染物排放虽然是经申报登记或申请审批的，也是按环境标准排入海洋或堆放、弃置滨海的，但是从法律的规定和实际工作的运行，均表现出对海洋环境纳污能力、海洋稀释扩散能力的忽视；二是即使所排放的陆源物质，均符合立足于陆地环境制定的技术标准和规范，由于海洋的自然条件同陆地的差异，因此，大量陆源污染物的长期排放，损害海洋环境在多数情况下是难免的；三是对排放单位收取排污费和超标排污费，并不能免除或减轻陆源污染物对海洋环境的危害。实践证明，陆源污染引起的环境灾害事件，很难简单地与某一排污单位直接挂钩，所以对事故的法律处理将是极为困难的。此类问题的存在和解决，都同海洋行政管理部门在陆源污染保护中的作用发挥程度有关系。

如果海洋保护部门能够在以下工作上发挥作用，陆源污染的控制毫无疑问可以得到加强：其一，排污口的选择，按照海洋行政主管部门制定、颁布的海洋功能区划，把陆源污染物入海点选定在"排污功能区"，使之既避开其他开发和保护区，又得到污染物进入海洋后的较快稀释扩散条件。其二，陆源污染物排放，除了遵守环境标准外，还应遵守海洋主管部门制定的海域污染物容量和排海总量标准。制约陆源污染排放仅仅依靠一般环境标准是不够的，还要根据各海域具有的、客观的环境容量，在理论和现实上容量是更为重要的依据条件。现实发生的问题，也多是不按海域承纳污染物的容量而造成的。其三，陆源污染动态保护需依赖海上的环境监测监视，只有通过排放影响海域环境要素的变化，才能发现陆源污染物排放应该加强监督管理的问题，这是仅仅依靠陆上或排污口检测无法达到的。在防止陆源污染物排放损害海洋环境的保护中，充分发挥海洋部门的作用是今后要继续理顺，并在法律和实际活动上调整、完善的工作。

6.2 防治倾倒废弃物对海洋环境的污染损害

6.2.1 概念和意义

6.2.1.1 概念

海洋倾废有严格的定义,最为权威的释义莫过于 1972 年 12 月 29 日开放签字通过的《防止倾倒废物及其他物质污染海洋的公约》(现通常简称为《1972 年伦敦公约》)所给出的概念,公约第三条对"倾倒"表述为:"'倾倒'系指:①从船舶、航空器、平台和其他海上人工构造物上有意地在海上弃置废物或其他物质的任何行为;②有意地在海上弃置船舶、航空器、平台或其他海上人工构造物的任何行为。"简而言之则为:利用运载工具将废弃物倾倒入海,包括类似手段的海上弃置。

倾废的概念有其时代的内容,在《1972 年伦敦公约》之后的 30 多年间,海上倾倒的方法有着不少变化。由此公约的适用范围或包括的内容也有其相对需要的变更,比如现在发展很快的管道排污,在适用有关海底管道铺设规定时,就其倾废性质,也应该有倾废管理参与其中,才会产生更好的环境效益。

6.2.1.2 意义

除陆源污染物排海之外,海上倾废也对海洋环境影响很大。世界沿海各国每年都有数量很大的废弃物倾入海洋。我国仅港口疏浚泥和部分生产废渣、粉煤灰等每年倾倒量就达 5 000 万立方米左右,这些物质虽然所含有害成分数量很低,属于《1972 年伦敦公约》允许倾倒范围,但毕竟数量较大,对海洋环境质量总有一定的不利影响。何况,属于《1972 年伦敦公约》禁止倾倒对象,如附件 1 所列的有机卤素化合物;汞及汞化合物;镉及镉化合物;持久性塑料及其他持久性材料;为倾倒而在船上装载的原油及其废物、石油炼制品、石油馏出物残渣及含有上述任何油类的混合物;放射性废物及其他放射性物质;为生物和化学战争制造的任何形态的物质等,在履行中尚有不能够遵守而私自倾倒,以及倾倒方式不科学、不合理等问题经常发生等,多年来因海上倾倒废弃物破坏海洋环境和资源,并造成重大经济损失的事件,不仅没有减少,反而有增长的势头。海上倾废的形势,要求沿海国家切实履行《1972 年伦敦公约》,加强对海洋倾废的管理。

但是,海洋的自然地理条件,相对地球其他地理单位是最为活跃的区域,海洋里有众多的海流流动不已,波浪无时无刻不在搅动着水体,还有巨大净化能力的、无可比拟的生物界。再者,海洋与人类虽然关系密切,可是与森林、平原、城市和乡村相比较总还有着差距,因此,利用海洋的空间,分担一部分人类生产、生活必定产生的"三废",是合乎人类总体与长远利益的。那种绝对禁止向海洋倾倒适量的废弃物的做法,既是不合理的,也是行不通的。如何做到适量倾倒,却是个比较困难的问题,不过,以现在的科学技术,只要严格地进行倾废管理工作,还是能够解决的。

6.2.2 海上倾倒区的选划和审批

为减少倾倒对海洋环境与资源,尤其是生物资源的影响,其基本前提是科学、合理地选划倾倒区,没有相对合理的倾倒区,便不能达到把倾倒的损害降低到最低程度的结果。世界各地海域都有因倾倒区的选定不科学,而产生损害、损失的事例。

6.2.2.1 选划标准

(1)科学标准。为使倾倒区的选划合理,首先要科学地组织论证。根据废弃物的性质、物质成分、数量和在海水中的沉降、悬浮、溶解、变化的情况,以及可能对海域生态环境、生命资源和其他开发产生的影响等,经调查、资料分析和试验选划出适合于倾倒的区域。这一阶段的工作必须建立在科学的基础上,否则,倾废区的选划不可能成功。

(2)安全标准。倾倒区选划的安全标准,应包含两个方面:一是倾废区使用后,不会对其他开发利用活动,如航行、养殖等构成妨碍或破坏性的影响;二是对海区的环境、资源的危害最小。

(3)经济标准。这项标准,主要是指倾废单位倾倒中的经费支出相对较少。为此,一是要求倾倒的距离尽量短一些,由于倾倒是经常性的,如能使运输距离缩短,运费降低的节约也是可观的;二是倾废区使用时间尽量长一些,并便于倾倒作业。

在倾倒区选划中,通常将科学、安全、经济和合理作为主导的原则标准,我们这里认为只有达到科学、安全和经济,所选定的倾废区才是合理的。它们虽然各有其衡量的侧重点,但本质上是统一的,是互为因果的。在实践中不能割裂运用。

6.2.2.2 选划程序

按照我国海洋倾废管理制度,需要倾倒废弃物的单位,必须向国家海洋管理部门提出申请,由海洋管理部门组织倾倒区的选划。其选划工作的程序虽然没有具体的明细规定,但实际工作已经形成了一套程序性的惯例做法,依次是:

(1)提出倾废申请。由倾倒单位向海洋行政主管部门提出倾倒废弃物申请。申请报告中要陈述拟倾倒废弃物的种类、成分、数量、持续时间、倾倒方式以及初步推荐可能倾倒的海区建议等。

(2)初步审查和组织倾倒区选划。主管部门收到申请后,根据申请资料和法律法规的有关规定,初步审查是否允许申请之废弃物的倾倒。如在许可之列,则可组织选划工作。

实施选划由具有较强技术、研究能力的监测或科研机构进行,通常情况下应由管理部门考核认可的单位承担,以确保选划的合理、客观、准确。无论是由谁来担负选划工作,均需按照倾废区选划指南进行。最后提出预选区域和全部选划资料报告。

(3)技术审查和协调。对选划报告及选定区域,主管部门为了确认其正确性,要召集有关方面专家和代表进行论证和技术审查。在这一阶段的工作中,要求申请单位和执行选划的单位提供的资料要全面,除海区的环境要素、开发利用状况外,还要提供废弃物的特性、成分、总量、形态、毒性、理化及对生态环境的可能影响的对策等的分析与评估,为技术审查创造必要的条件。

由于海洋倾废活动涉及许多单位的海上利益,涉及政府许多部门对海洋环境和资源的保护,以及一些海洋公益服务工作,若要取得各方面的支持,必须做好各方面的沟通和协调并取得认识的基本统一。协调也有利于有关方面了解倾废的区域和可能的影响,便于及早做好必要的准备,采取对策预防可能引发的危害。选划倾废区的协调是一件有难度的工作,从已批准的倾废区实例来看,要做到完全的一致是不可能的,但基本的一致还是能够做到的。协调中重要之点是吸收有关部门参与全过程的工作和可能的妥协。全过程协调就是要从选划到审批的全过程,都要尽力做好沟通协商;妥协就是在意见对立的情况下,原则上不硬性决定,而是在不失科学、安全、经济的前提下,经妥协达到意见的统一。事物的多样性决定协调方法应有灵活性。

(4)审批。我国海洋倾废区的审批是严格的。《海洋倾废管理条例实施办法》第九条规定:"一、二、三类倾倒区经商有关部门后,由国家海洋局报国务院批准,国家海洋局公布。试验倾倒区由海区主管部门(分局经)会商海区有关单位后,报国家海洋局审查确定,并报国务院备案。试验倾倒区经试验可行,上报有关部门后,再报国务院批准为正式倾倒区。临时倾倒区由海区主管部门审查批准,报国家海洋局备案。使用期满,立即封闭。"其中一、二、三倾倒区是倾倒之废弃物的分类,凡属《倾废条例》附件一所列物质原则上禁止向海洋倾倒,只有在陆地处置会严重危害人类健康,向海洋倾倒是防止威胁的唯一办法时方可视为例外。这种例外的、倾倒原则禁止物质的倾废区,即为一类倾倒区;二类倾倒区是倾倒《倾废条例》附件二物质和附件一中属"痕量沾污"及"能够迅速无害化"的物质;三类倾倒区是倾倒未列入《倾废条例》附件一、二的低毒、无害的物质及附件二、含量小于"显著量"的物质,亦即是三类废弃物。三类废弃物大体对应的三种类型的倾倒区的批准都属于国务院。只有试验倾倒区和临时倾倒区的批准权限在海洋行政管理部门。

6.2.3 海洋倾废的监督

6.2.3.1 管理权限

《海洋倾废管理条例》第四条规定:"海洋倾废的主管部门是中华人民共和国国家海洋局及其派出机构。"在该《条例》发布的20世纪80年代中期,监督保护部门是国家海洋局和所属之北、东、南海分局。这种监督保护体制,是同当时国家海洋行政管理体制一致的。

20世纪90年代后,随着地方海洋管理机构的建立和发展,沿海省、自治区、直辖市逐步具备了管理海洋倾废的条件,所以在《海洋倾废管理条例实施办法》中规定通过授权方式,使沿海地方具有海洋倾废管理职能,明确"沿海省、自治区、直辖市海洋管理机构是主管部门授权实施本办法的地方管理机构"。至此海洋倾废管理形成了国家与地方相结合的体制。

6.2.3.2 审查批准和签发许可证

倾倒区的选划和批准使用,只是解决倾倒的一个条件,在实施倾倒时,还必须办理倾倒许可证。实行倾倒许可证制度是加强倾废管理的一个十分重要的工作,是倾废管理的一项基本内容。

(1)许可证申请。由废弃物所有者和疏浚工程单位向主管部门提出倾倒许可证申请,或者由"废弃物所有者或疏浚工程单位与实施倾倒作业单位有合同约定,依合同规定实施倾倒作业单位也可向管理部门申请办理倾倒许可证"。

两种申办方式都是符合规定的,申办许可证时,应填报由国家海洋管理部门统一制订的倾倒废弃物申请书,并附具废弃物特性和成分检验单。申请书由申请单位填写,检验单由检验单位填写。在实际办理中,一般是倾倒单位向主管部门提出报告,主管部门根据其要求,发给申请单位《海洋倾倒废弃物申请书》和《废弃物特性成分检查单》,而后申请者如实填写报送。

(2)受理和许可证签发。主管部门受理申请,需向申请单位了解废弃物的成分、倾倒数量、倾倒时间和方式方法,以及倾倒后的可能影响的环境评价。如有必要,亦可进行某些验证工作。但这些工作,必须在收到申请之后的两个月之内办理完毕,签发倾废许可证。许可证分为普通许可证、特别许可证和紧急许可证。其中特别许可证、普通许可证由海区主管部门签发,紧急许可证由国家海洋局签发。普通许可证有效期为一年,继续使用可到发证单位换发;特别许可证,有效期不超过半年;紧急许可证,为一次性使用。

6.2.3.3　监督管理

倾废区的选划、许可证制度的实施固然都是倾废管理的基本内容,但防止海上倾倒活动造成危害,维持海洋生态环境的良好状况,主要还在于加强海上倾倒的经常性管理。从 1993 年《1972 年伦敦公约》第 16 次协商会议关于修正公约附件的三次决议来看,海洋倾倒活动的约束越来越趋向严厉。20 世纪 70 年代可以在海上倾倒的废弃物,现在已开始禁止,特别是逐步要求停止工业废弃物的海上处置、禁止工业废弃物和污泥的海上焚烧和暂停所有放射性废物及其他放射性物质的海上倾倒等。这些变化必将对海洋倾废管理提出许多新的问题,这是要加以研究的。

(1)实施倾倒核查。

为了保证倾废单位所倾倒的废弃物能够切实按批准的内容执行,海洋倾废实施办法中,特别规定了主管部门进行核查的措施。制度要求"进行倾倒作业的船舶、飞机和其他运载工具在装载废弃物时,应请发证主管部门核实"。核实的主要项目包括审批手续是否完备、装载的废弃物是否与倾倒许可证的记载相一致,废弃物运载方法是否符合许可证的要求等。若发现内容不符或不按规定等问题时,应责令停止装运,并根据情节进行处理。另外,进行倾倒作业的船舶、飞机或其他运载工具,都应按规定把倾倒作业情况如实填在记录表和航行日志上,并在返港后十五天内将倾倒记录表报给主管部门。此项要求是倾废管理的一项重要措施,主管部门应通过检查、核查了解作业者的执行情况。

（2）开展巡航监视。

采用船舶、飞机、岸边观测或跟随作业船、机等监督倾倒情况，是海洋倾废管理的基本手段和方法。从我国海上倾倒情况来看，经常会发生倾废不到位，不按规定倾倒方式进行作业或在不利海况下倾倒等问题，由此往往造成损害事件。为了避免或减少此类现象的发生，主管部门必须加强现场的巡航监视，及时发现、处理违法违规倾倒活动。

（3）组织倾废区环境监测。

虽然倾倒区是经过现场调查、科学论证和环境影响评价之后选划的，但是，预测的结果不一定就是事实的结果，由于认识的局限性而发生倾废区选划不当的事例亦不少见。为掌握倾废区使用后的变化情况，必须做好周围邻近海域的环境监测工作，特别是水质、生态系统、海底地貌等要素的变化。通过长期监测和资料的分析，了解倾废对周围环境的影响。如发现异常尽早采取措施，防止重大灾害的发生。如果异常是显著的，有可能造成严重危害，亦应采取减少倾倒或暂停倾倒，甚至关闭倾废区停止使用，都是主管部门可选择的应变行动。监测是海洋倾废动态管理的必须手段。目前，倾倒区的经常的环境监测，尚未受到高度重视，还是一项保护中的薄弱环节，应该予以加强。第一步应把重点倾废区的有效监测开展起来，然后，根据条件对全部倾废区，建立监测网络，实行制度化、标准化的监测活动。

（4）对境外有关倾废活动的管理。

我国海洋倾废管理制度，对外国或境外倾废活动涉及或影响我国管辖海域环境的有明确规定，其要点有四：一是外国的废弃物不得运至我国管辖海域倾倒；二是外国的船舶、航空器、平台或其他人工构造物等，不得在我国管辖海域内弃置；三是在我国管辖海域外倾废而影响我国海域环境，或造成污染损害的，可令其限期治理恢复，并承担治理和损失的赔偿费用；四是境外船舶或其他运载工具，为倾倒而运送废弃物途经我国管辖海域，应在进入我国管辖海域前，通报我国主管部门，及时报告进入的海域、时间、航线和废弃物名称、数量、成分等资料。这些制度都是维护我国海域安全和环境状况所必需的。

6.2.3.4 倾废收费制度

海洋环境是一类综合性的"资源"，使用这种资源，尤其是损害性的使用，应该收取一定的补偿费用。收费可以达到以下目的：首先，体现对"资源"的一种所有的关系；其次，向海洋倾倒废弃物，不论经过多么充分的论证，其对海洋的影响和损害是不可避免的，因此，收取一定的费用用于海洋环境的维护工作是完全需要的;再者,实行收费对控制海上倾倒能够起到一定的制约作用等。

正是为了上述目的,经过各方面反复调研和协商,1992 年 8 月,国家物价局和财政部根据海洋环境保护法律法规和我国海洋倾废的实际情况,在听取各方面意见的基础上,下达了《关于征收海洋废弃物倾倒和海洋石油勘探开发超标排污费的通知》,规定"凡在中华人民共和国内海、领海、大陆架和其他一切管辖海域倾倒各类废弃物的企业、事业单位和其经济实体,应向所在海区的海洋主管部门提出申请,办理海洋倾废许可证,并缴纳废弃物倾倒费"。《通知》还规定了不同海区、不同废弃物的收费标准和缴费办法。

废弃物倾倒费由海洋管理部门负责征取,并纳入国家财政实行统一管理。这笔经费的使用范围,主要开支在对倾废区经常性的监测、监视;海上倾废区的现场管理;选划和使用中的倾废区环境影响评价和发生污染的治理等工作上。尽管经费的数额比较小,但是涉及海洋环境管理的政策、队伍建设等问题,所以,收好、管好、用好废弃物倾倒费也是各级海洋管理部门的一项重要任务。

6.3　防治海洋石油勘探开发对海洋环境的污染损害

进入海洋里的石油,对海洋的危害是很大的。有人分析,1 升石油完全氧化需消耗 40 万升海水中的溶解氧。缺氧的水体中生物是不能生活的。一次大的溢油事故进入海中的石油少则数百吨,多则数千吨以上。例如,2010 年 5 月,美国墨西哥湾原油泄漏事件,沉没的钻井平台每天漏油达到 5000 桶,海上浮油面积还在 2010 年 4 月 30 日统计的 9900 平方千米的基础上进一步扩张;此次漏油事件造成了巨大的环境和经济损失,受漏油事件影响,美国路易斯安那州、亚拉巴马州、佛罗里达州的部分地区以及密西西比州先后宣布进入紧急状态。2010 年 7 月,大连新港附近中石油一条输油管道起火爆炸,致使大连附近海域至少 50 平方千米的海面被原油污染;据中国环境科学研究院研究员推断,此次大连石油污染对周边海域的生态影响可能持续十年。海洋石油勘探开发溢油是海洋油污染的主要来源之一,对海洋环境破坏很大,所以,加强海洋油气勘探开发防污染管理是海洋环境保护的基本任务之一。

6.3.1　海洋石油勘探开发防污染保护思想

海洋石油勘探开发防污染保护的指导思想,是由海洋石油工业本身的特点决定的。这些特点构成了对海洋环境的影响方式、程度和规模,也构成了防止其不利因素发生所需要的主导思想。其一,海洋石油勘探与开发对环境的危害,特别是溢油(如井喷、输油管和储油罐破裂等),不同于陆源排污和海上倾废,它不是有意识的事故行为,而是偶然发生的或不可预计的,当然这里也不可以排除部分有意识的行为或被迫采取的不得已行为。陆源排污和海上倾废是有计划、有安排地将废物废水引入海洋。这是它们之间的根本区别。

其二,基于第一方面的特点,形成了第二个特点,为防止溢油污染海洋,必须建立预防发生和应急对策的保护思想。因勘探开发中的溢油事故并不是或主要不是人有意识的施行,具有偶发性,并可能出现在开发作业的全过程之中,所以,预防工作要概括一切易于发生溢油的工作环节和系统的有关部位,制定并安排好应急计划,做到有备无患或有患能治。

其三,不论何种具体原因溢入海洋的石油,都要采取积极的措施进行回收,尽量减少流散在海洋里的石油数量。非机械回收的办法,如使用消油剂等,只能在技术上实在做不到回收时才可以节制使用。这些思想或原则均是在海洋石油勘探开发防污染保护中予以贯彻的。只有贯彻这些思想、原则,才能做好防止勘探开发过程中污染损害环境的保护工作。

6.3.2　海洋石油勘探中的保护

在勘探阶段有两类活动易于造成对海洋环境的威胁,应予以规范、管理。

(1)人工地震勘探管理。

石油普查勘探使用人工地震法找油是比较普通的方法。以炸药、压缩气体、电火花等为震源的地震勘探对鱼类影响较大,爆炸的巨大冲击波和声响,可以致鱼虾死亡。据水产部门试验,在水中、海底浅层和海底深层进行爆炸作业,以水中爆炸对渔业资源破坏最大,浅层次之,深层较轻。相同的炸药量,水中爆炸比海底深层爆炸的损害程度要大 36 倍。1 千克炸药在水深 1.5 米处爆炸,鲹鱼在 8 米半径内死亡率约为 50%,毛虾死亡率高达 88%～94.2%。因此,在《海洋石油勘探开发环境保护条例》中,对使用人工地震进行海洋石油勘探作了专门规定:"海洋石油勘探开发需要在重要渔业水域进行炸药爆破或其他对渔业资源有损的作业时,应采取有效措施,避开主要经济鱼虾类的产卵、繁殖和捕捞季节,作业前报告主管部门,作业时应有明显标志、信号。主管部门接到报告后,应及时将作业地点、时间等通告有关单位。"石油和渔业都是海洋经济的重要行业,都要发展。管理的责任就是协调两者的矛盾,将人工地震测量作业对生物资源的危害减少到最低程度。在技术上,目前还做不到避免爆炸冲击的情况下,通过石油勘探时间上的调整,避开鱼类产卵、繁殖的时期。

(2)控制钻井泥浆的使用。

泥浆在钻井中用以冷却、润滑钻头、悬浮和携带岩屑、清洗井底、保护井壁、防止井喷等是必须应用的。泥浆种类很多,常用的有水基泥浆、油基泥浆、乳化泥浆等。钻井使用泥浆较多,每钻一口井要1 000多吨。泥浆是钻井作业中处理数量很大的一种废弃物。由于各种泥浆及钻井产生的岩屑可能含有有害物质,如油基泥浆等,排入海中必然造成污染,因此,泥浆的排放是必须关注的防污染工作。制度规定"使用水基泥浆时,应尽可能避免或减少向水基泥浆中加入油类,如必须加入油类时,应在防污记录簿上记录油的种类、数量;含油水基泥浆排放前,应通知海区主管部门,并提交含油水基泥浆样品;含油量超过10%(JEI)的水基泥浆,禁止向海中排放。含油低于10%(JEI)的水基泥浆,回收确有困难,经海区主管部门批准,可以向海中排放,但应交纳排污费。含油水基泥浆排放前不得加入消油剂进行处理"。在《石油勘探开发管理条例实施办法》中,对钻井作业防止泥浆污染海洋的各个环节,都有详细规定。

6.3.3　防治海洋石油勘探开发对海洋环境的污染损害

在海洋石油开发生产中应着重抓好的防污染工作主要有六个方面。

(1)海洋环境影响评价。

油田投入开发之前,进行环境影响评价是国际通例,我国《海洋石油勘探开发环境保护管理条例》第四条规定:"企业和作业者在编制油(气)田总体开发方案的同时,必须编制海洋环境影响报告书。"在油田投产后,对周围自然环境、资源和其他开发活动可能会产生什么样的影响,并对可能发生的有害影响制定出防止的保护措施及其预定方案。环境影响评价应由具备环境评价能力、持有环境评价证书的单位承担,并由主管部门组织审查、批准后,才能作为开工的必备条件。

(2)审查溢油应急计划。

石油开发中溢油事故发生的可能性和危害都是较大的,因此,必须预作安排,制订出溢油应急计划,一旦事故发生才能够按计划进行处理。溢油应急计划由石油作业者负责制定,报所在地区的海洋主管部门审查。溢油应急计划的审查通过也是油田投产的必须条件之一。根据我国情况,溢油应急计划的管理还有一些薄弱之处,主要出现在溢油发生后的回收工作上,至今仍未建立一支应急的装备技术力量,这是今后要尽快解决的一个问题。

(3)平台含油污水排放和生活废物处理。

平台含油污水排放,必须符合《船舶污染物排放标准》、《海洋石油开发工业含油污水排放标准》，不允许不经处理直接超标排放，也不允许通过稀释降低含油量或加入消油剂后排放。

平台生产中或生活中，所产生的一切废弃物，包括含油垃圾、各种残渣、废料、岩屑、塑料制品等，均禁止弃入海中，要求储存在专门容器里，运回陆地处理；平台也禁止焚烧纸制品、棉麻织物、木质包装材料和有毒化学制品等。平台作业中产生的垃圾、废物的种类、数量都比较多，应分类管理，以免污染海洋。

（4）事故处理。

油田开发中，开采、输储等环节总会因故发生溢、漏油事故。按规定要求，出现溢油事故时，作业者一方面要迅速查明原因，采取积极措施切断溢、漏油源，并组织力量回收漂油；另一方面及时向所在海区主管部门报告，将事故发生时间、位置、原因、溢油情况、数量、已采取的紧急措施和当时的海况等资料一并上报。海区主管部门接报告后，视情况派出监察力量赴现场调查和实施监视、监测，对无力回收的漂油可能的漂移路径进行预测，通报海区有关部门提早防范，尽量减少其他开发利用业的损失。同时，作业者要如实地把事故有关资料记载在《防污记录簿》上，并填写《海洋石油污染事故情况报告表》送达主管部门，作为事故处理的依据。

（5）超标排污费征收。

对石油平台不按国家规定标准而超标准排污者，主管部门可征收超标排污费。征收标准按国家物价局和财政部1992年颁发的《关于征收海洋废弃物倾倒和海洋石油勘探开发超标排污费的通知》执行。征收超标排污费的根本目的在于促进油田开发作业者重视海洋环境的保护，自觉地加强管理，严格按法规和标准排放。再者，收取超标排污费，也可以改善国家治理海洋环境的条件，归根结底仍然是维护海洋环境。

（6）登临检查和巡航监视。

为监督平台实施法律制度的情况，主管部门应组织公务人员不定期登临平台现场检查。检查工作要依法进行，了解防污设备、设施和器材是否齐全、运行是否正常；防污记录和操作记录情况，如有污染事故发生，可向有关人员调查事故的过程，必要时应采集样品，以备分析研究等。现场检查是平台防污染管理的一项不可忽视的工作，适时登临检查有利于平台防污染的常抓不懈。平台周围海区的环境监测、监视是主管部门掌握开发对环境影响信息的基本手段，经常组织监视、监测才能掌握确切的实况资料，评价海区的环境，如发现异常变化则可及时采取防治措施。

6.4　防治海洋工程建设项目对海洋环境的污染损害

　　海岸和海上开发利用工程活动,是改变、损害海洋环境的主要因素之一。因此,在海洋环境保护和管理中,受到突出重视。在《联合国海洋法公约》关于"海洋环境保护和保全"中,根据海洋环境污染损害的基本来源,相应制定了5项对策性规定,其中第3条第4款即是对海洋工程开发建设的专门要求。对"来自在海洋环境内操作的其他设施和装置的污染,特别是为了防止意外事件和处理紧急情况,保证海上操作安全,以及规定这些设施或装置的设计、建造、装备、操作和人员配备的措施。"该款制约之对象主要是海岸和海上工程开发建设可能引起的不利环境影响。在海洋资源和空间利用急速发展的条件下,海洋工程建设的环境危害越来越受关注。如为1992年联合国环境与发展大会所准备的"保护大洋和各种海洋,包括封闭和半封闭海以及沿海区域,并保护、合理利用和开发其生物资源"的专门章节的专家讨论中,对海洋工程活动的环境作用,予以特别的关心,他们认为:"除污染外,许多发展、经济活动也对海洋资源、环境造成直接和间接的有害影响。例如,工业和住房发展(包括旅游和娱乐建筑,通过填埋湿地、区划交通和修建水坝及其他沿海基础设施)可破坏海洋自然环境(排除红树属植物区和类似区域),不考虑持续性的农业、林业和建筑的做法,可加剧沿海区域的沉积程度,从而对珊瑚礁和贝类等许多生物群体产生不利影响。把红树属植物生长地、森林和其他低地转用为水产养殖,不仅破坏天然生产系统,而且也会导致非本地种的引入。"虽然他们的意见是立足于海岸带区域工程建设所出现的不利后果,但亦可见危害及影响之严重。从另一意义上,也提出防止海洋工程建设对海洋环境影响的任务。

6.4.1　含义和目的

　　海洋工程建设,在狭义上指:一切在海洋地理区域(含海岸带和海上)进行的基本建设、技术改造和开发利用工程建设活动。若广义理解,则可认为:除在海洋区域进行的新建、扩建、改造的基本建设和区域开发利用与保护工程项目外,还可包括需通过海洋才能完成其全部功能的邻接海岸带的陆地区域的建设或开发项目。按目前的实际进展和已达到的开发能力,海洋工程建设项目主要有:沿岸和离岸港口、修造船厂;滨海发电厂、油库、各类仓储设施;滨海矿山、钢铁厂、化工厂、造纸厂、加工厂和其他工厂企业;水利工程、航道工程、河口工程、围海造地工程；海水养殖基地、渔业工程（如人工鱼礁等）；防灾工程、桥梁隧道工程、护岸设施、生物工程；城镇基本建设工程和"三废"处理工程以及其他改变、影响海岸和海洋的开发利用的海洋工程建设或活动等。海洋工程建设项目的种类、规模、数量等，随社会需要和能力的提高而不断增多、扩大、丰富。近期是一个急速发展的时代。

海洋工程对海洋环境的作用、影响是多方面的，概括起来主要有两个：①改变海洋的自然条件系统，不论开发利用海洋资源和空间的项目是位于海上，还是位于海岸区域，它们都必然直接地改变海底的地形地貌、景观形态、动力状况及过程、局部生态系统等。这种改变，除保护环境和减灾目的工程项目外，绝大部分对海洋环境的平衡是一种冲击和破坏。例如防波堤工程，其修筑虽然可阻挡波浪，保持港区海况平稳，但也改变了附近的动力条件，出现新的冲刷、沉积区。这类新的冲淤动态，对不同功能的海岸段的利弊结果也是不同的，可能有利，也可能有害。不论客观上的利害如何，对原有的自然过程都必须进行适应性调整。至于河口筑坝和滩涂围垦等工程，其发生的影响更为显著。世界各地沿海都发生过失败的例子，总结其教训：一是破坏海岸和邻近浅水区生态系统，尤其是沼泽湿地和生物海岸的围垦，使得海岸的海洋生态系统瓦解、复杂曲折岸线变得平直单调，降低陆地社会生产与生活同海洋直接接触的几率。河口筑坝，堵死溯河洄游鱼虾的通道，致使河口生态系统破坏；二是筑坝、围垦改变区域海洋动力、沉积、地形，海水物理、化学等生态环境状况，甚至使区域地理单元完全改观；三是次生灾害增加等。②污染海洋环境，海洋工程建设和投入使用，可能造成的污染有两类：一是建设施工中的污染，比如在港口建设中，一般要疏浚港池淤泥和挖掘航道，所产生的疏浚泥的倾倒，就可能污染海洋环境；二是工程投入运行后废弃物污染，不论工矿企业，还是生活设施，投入使用都会有废弃物，包括废液、废水或固体垃圾等进入海洋，污染环境。有的工程不仅有废弃物污染，而且还可能造成其他污染的发生，例如滨海发电站，大量冷却水入海会形成热污染等。海洋工程建设对近海区域的海洋环境变化具有显著影响，必须加以控制、管理。

为了在推进海洋资源、环境开发利用的同时，维护海洋生态环境的平衡，减少工程建设项目对海洋环境的有害影响，国家运用政府的行政力量对海洋工程建设进行指导、节制、统筹协调和监督是完全需要的，这一系列的政府职能行为即是海洋工程建设防污染及损害管理。海洋工程建设防污染损害管理的目的：①合理科学利用海洋环境条件。海洋工程建设同海洋的关系，大体有三种：一是利用海洋的空间布局安排生产和生活建设项目，减少陆地的压力；二是利用海洋资源条件开展的开发工程,比如港口、养殖、围垦等建设项目;三是通过海洋环境条件,为工程建设提供必须或必要的功能要求,以及为建设项目使用后提供便利条件。三个方面,不论是其中哪一种都涉及适度利用海洋自然环境问题。适度或科学合理的标准,不是工程建设需要海洋助其实现什么,而是海洋对工程所利用的方面可允许到什么程度。只有在最大可利用限度之内的利用,才是科学合理或是适度的。②尽量不改变或最小地改变区域海洋的自然度。此种项目对于海洋工程可能属较为困难的目标要求。因为有些工程开发项目主要是经改变海岸或海洋某一部分的形态或状态实现的,比如海洋围垦、码头建设、海水养殖工程等,不改变海岸的地形地貌等条件,工程就无法开展。这一目的不能机械地认识和实践,其精神在于:一切海洋工程应该把最小地改变自然度为目标,如能不改变达到,就不要去改变。③不伤害或最小伤害海洋生态环境。完全不伤害海洋生态环境的海洋工程建设项目,可以说是没有的。有些工程,如沿岸和浅海生态建设工程(营造红树林、恢复珊瑚群体)、海洋公园和自然保护区建设等,虽然对环境有些影响,基本上可以认为是无害的工程项目。其他大多数工程都有程度不同的生态环境破坏,针对这一情况,对于管理上的目标,就是要使其伤害程度降到最小。通过调查研究、改进工程设计、最佳布局、利用新技术成果等措施,再经反复比较论证,选择既能满足工程根本目的,又能保护生态环境的最好方案。总之,海洋工程建设防污染管理的目的是综合效益。

6.4.2 保护原则

在海洋环境保护的共同原则指导下,海洋工程建设防污染管理还有其特殊的必须遵行的具体原则,贯彻这些更具针对性的原则,是搞好该领域保护工作的基本保证。

(1)功能原则。

统一的海洋,由于各个区域的自然地理及其资源、环境条件的差异,而具有各不相同的功能价值和使用方向。不论在海岸区域,还是在海洋之上进行工程建设项目,都应该根据具体海区的功能区划所确定的开发利用范围组织实施,只有如此才能够使工程活动最好地适应海洋自然环境特征,减少或避免因建设项目带来的不利影响。目前我国小比例尺的海洋功能区划工作已经完成,为保证海洋开发工程的秩序、效果,防止海洋因工程建设而酿成的灾害,必须采取措施做好功能区划在海洋工程建设中的贯彻,保证海洋工程的实施能够符合海域的客观功能要求。

（2）协调原则。

因海洋的任何区域对社会的作用都是多方面的，其资源具有高度复合性与共生性。这一特点，一方面为不同利用目的的海洋工程建设提供了选择的机会，但也注定不同部门、单位和建设项目在区域选择上的矛盾和问题，尤其是毗邻大中城市和经济发达地区的海域，矛盾和问题表现得更为突出。在这些地带布局海洋工程，将会遇到大量需协调解决的问题。为此，协调原则在海洋工程建设中的贯彻，主要放在建设项目之间环境制约关系上。各类海洋工程，因其性质、规模等因素，彼此间及与海洋间的关系表现不同，有的项目不仅影响环境，而且对环境（包括海洋环境和其他环境）条件有适应性要求。如海水增养殖工程，一方面要求较好的海水水质和适宜的地形地貌等条件，另一方面增养殖活动，对海洋也是一种排它使用和污染的因素。有的工程项目，就其主流衡量，虽然在建设选址上有特定地理条件的要求，但建成投入使用后，其主要影响是加于海洋环境和其他海洋工程开发，如化工、造纸企业等。这样的一些客观要求，必然造成海洋工程建设之间、与环境之间的复杂关系和矛盾，需要通过保护的协调工作，处理好它们之间的关系。

（3）预测原则。

按照我国基本建设管理规定，工程建设项目正式列入投资计划之前，必须进行项目的可行性论证，以使基建工程项目"建立在科学、可靠的基础上"。论证工作除对"矿产资源、工程地质、水文地质、工艺技术、原材料燃料供应、产品销售、外部协作条件、投资得失"等基本情况搞清楚之外，还必须对工程建设的环境影响作出评价，预测可能产生的环境后果，然后决策工程建设项目的可行与否。在这一过程中，环境保护部门拥有对工程可行性的一票否决权。通常，工程项目的环境评价，按其阶段分为三种类型，即回顾评价、现状评价和未来评价。在建设项目可行性论证阶段所进行的评价工作系为未来评价，亦称环境影响评价或环境预测评价。它是根据工程建设项目的性质、规模、所产生的废弃物种类、数量、排放方式、海区环境条件、资源条件等，对工程项目建设和投入使用后，可能发生的海洋环境影响及其影响后果等，作出科学论断。所谓预测原则，就是指海洋工程的防污染管理必须建立在环境影响评价而得到的预测结论基础上，没有科学、合理的预测，海洋工程建设项目是不能实施的。如果硬性施工建设，必将付出环境与资源的损失代价。

（4）法律原则。

因海洋工程项目数量大、分布广、不仅仅集中在沿海地区，还散布在海洋之中。另外，有些工程虽非海洋工程，但其产生的"三废"物质，相当大的部分要进

入海洋。这种复杂的情况,给工程建设项目防污染管理带来很多困难,仅靠主
管部门的行政管理工作是难以管好的,即便通过行政管理进行有效的监视,也
难以办到,真正的有效更是无从谈起。实践证明,实施有效的监视管理,只有在
法律、法规、标准为工程开发单位所掌握后,才能达到工程建设防污染的各项环
境目标,才能使维护海洋环境的措施和行动达到经常化和有效性。所以,为了
使得工程建设项目减少或避免对海洋环境的危害,应该大力组织好工程单位学
习有关法律、法规和标准制度,进而自觉地遵守,这才是工程建设防污染管理的
关键。

6.4.3 保护任务

目前,我国海洋工程建设项目防污染损害管理的体制还不完善,从法律上
只是明确了海岸区域的工程项目由国家环保部门主管,其他海域尚未确定主管
机构,还有待解决。但不论国家海洋工程防污染管理体制最终如何建立,作为
海洋工程建设的海洋环境保护任务及其国家海洋行政管理部门的职责,还是清
楚的。

(1)参与海洋工程建设项目的审批。

我国固定资产投资体制,在整体经济体制改革和建立社会主义市场经济的
进程中,也在演变着。在现行体制下,根据国家基建制度,建设单位利用中央财
政预算内投资、地方财政预算内投资、银行贷款、外资、自筹资金和各种专用资
金安排的新建、扩建、迁建、复建项目和扩大再生产性质的改建项目,都要纳入
国家各级综合基本建设计划。一切基本建设项目,特别是大中型项目,在正式
列入计划之前均要经可行性研究、编制设计任务书、选择建设地点、编制设计文
件、做好建设准备等一系列工作,经审定通过之后才可列入年度实施计划中去。
从可行性研究到列入计划的各阶段工作,都包括工程对海洋环境影响、对策、防
治措施、环保设备等的论证、部署和设计。在各个环节上,如果对海洋环境保
护安排不落实或不能获得通过,其项目的审批都不具备条件,当然也得不到
批准。

项目批准之前的论证和审查,是环境和海洋主管部门控制海洋工程损害海
洋生态环境的极为重要的一项工作,必须按规定积极参加,还要主动判断,尽量
减少危害环境或以牺牲海洋环境、资源为代价的海洋工程建设项目的出现。

(2)组织海洋工程建设项目环境影响评价。

《中华人民共和国防治海岸工程建设项目污染损害海洋环境管理条例》第7
条第1款规定:"兴建海岸工程建设项目的建设单位,必须在可行性研究阶段,

编制环境影响报告书(表)按照规定的程序,经项目主管部门和有关部门预审后,报环境保护行政主管部门审批。"同时规定,为保证环境影响评价的质量,确保准确可靠,承担海岸工程建设项目环境影响评价的单位,必须持有《建设项目环境影响评价资格证书》,按照证书中规定的范围承担评价任务。

依据有关制度规定,我国环境影响评价工作大致可分为四个阶段:一是环境影响评价任务的确定和委托;二是评价单位按管理部门颁发的海洋工程建设项目环境影响评价大纲,调研、论证、编制环评报告;三是由项目主管部门和海洋主管部门组织环评报告的预审;四是环境主管部门或有关主管部门进行审批。

(3)检查、监督环境保护设备。

在实际执行中,建设和使用海洋工程因其对海洋的影响不同,而需采取不同的防污染措施,有关法律法规均有明确的规定。《防治海岸工程建设项目污染损害海洋环境管理条例》规定港口、油码头、化学危险品码头应配备海上重大污染应急设备与器材;岸边修船厂、造船厂、油库需配置溢漏回收和含油废水处理设施;滨海矿山、海滨垃圾场和工业废渣填埋场等应建设防护堤坝、底封闭层、渗透废水收集处理系统、可燃气体防爆装置、含矿废水处理设施等。通过这些环保工程及其设备,防止工程使用中的有害物质进入海洋。但是,由于海洋环保意识、法制观念等原因,规定或要求有时得不到遵守,因此有时发生污染海洋的事故。例如,2001年河北省乐亭县19家养殖户状告河北省迁安市书画纸业有限公司等五单位滩涂污染损害赔偿纠纷一案,就是典型的陆地工厂利用通海河道排污造成海洋污染的案例。2001年4月下旬至5月中旬,因滦河上游排放污水造成在小河子入海口两岸部分渔业水域污染而引起养殖对虾和滩涂贝类死亡事故。该事故造成小河子入海口两岸受污染水域的养殖面积共计7 056.15亩,其中对虾养殖水面面积6 561.15亩,滩涂贝类养殖面积495亩。5月30日调查人员对小河子闸养殖区的对虾和滩涂贝类死亡现场进行调查,结果发现67.96%的青蛤死亡,日本对虾的平均死亡率为51%。造成本次事故的原因系唐山市滦河沿岸工矿企业向滦河排放未经达标处理的污水所致。事例说明,海洋工程仅具备环保的设施设备还是不够的,更为重要的还是环保设施的正常运行,保证海洋工程防污染设施经常处于良好状态和正常运行的必要条件,为此主管部门必须做好经常性的检查和监督。

(4)附近海域环境监测。

海洋工程建设和使用对海洋环境的影响,是不能完全依靠工程环保装备及其工作情况就判定的,即使环保装备运行完全达到规定要求,也难以确保海洋环境完全避免受到某种危害。因此,海洋工程环保主管部门或有关海洋部门组织附近海域环境监测工作是必须的。目前主管部门仅仅开展排污口的监测,范围过于局限,监测资料还不能说明邻近区域受污染物质影响的实际情况。今后,应适当扩大监测范围和项目,从水质、底质和海洋生物体内污染物含量等方面,分析研究海洋环境受到的危害,而根据情况制定保护措施。在这里,监测与其说是海洋工程环境保护的措施,倒不如说是保护任务更为确切。

(5)行政执法管理。

在海洋工程建设和开发中,由于各种原因总会出现违法违规的问题。对所发生的问题,主管部门必须依法进行处理,维护法律在现实中的严肃性。这类工作在海洋工程建设中,近期不仅较多,而且处理难度较大。

6.5 防治船舶及有关作业活动对海洋环境的污染损害

船舶故意地、任意地或意外地向海洋排放油类和其他有害物质,是海洋环境遭受污染损害的一个基本来源和重要因素。

6.5.1 发展趋势

海洋环境污染事件中,油类污染发生的次数,历来都占有较高的比例。据资料统计,在 20 世纪七八十年代,日本沿岸海域油污染事故占海洋污染事件总数的 83% 左右;美国沿岸海域每年所发生的约 1 万起污染事故中,约有 3/4 是石油污染。污染海洋的油类来源,虽然有的来自陆地、有的来自沿海和海上石油勘探开发等多种途径,但最为主要的还是来自船舶任意或意外排放。1992 年 6 月在巴西里约热内卢的联合国环境与发展会议上,通过的《21 世纪议程》中也作了同样的肯定:"海洋污染也是内河航运和海上活动引起的。每年汇入各大洋的石油有数万吨,由正常的航行活动、事故和非法排放所造成。关于近海开采石油和天然气的活动,目前机械空间排放受到国际管制,有六项关于管制平台排放的区域公约正在审议中,由于近海石油开采和生产活动的环境影响的性质和范围,通常只占海洋污染的极小比例。"换句话说,即是海洋油污染的主要来源仍为船舶排放。

在世界贸易发展的带动和海洋捕捞及其他海上活动的发展下,海洋交通运输和作业船舶不仅数量不断增加,而且某些专门船舶还在大型化,特别是原油运输船,由几万吨上升到十几万吨、几十万吨。船舶数量、吨位的增加,必然发生两种结果:一是活动海洋上的"机动污染源"的增多,在其他条件不变的情况下,排放入海的油类和其他有害物质势必上升;二是船只吨位的提高,一旦有海难事故发生,若系油轮,其进入海洋的石油量将大大上升。事实上,最近的一些年份里,世界各海域船舶溢、翻油污染事故层出不穷,呈现明显增长趋势。以我国近海飞机巡航监视发现海面溢油次数为例,也显现这种变化,1991 年发现几十起,到 1993 年发现次数上升到 100 多起。

石油对海洋环境的危害是相当严重的,尤其是生物资源、自然景观和旅游资源。它可造成大面积海水缺氧,使生物大量死亡,或发生畸变,或短时期内经济鱼、贝类产生油味,降低水产品质量,甚至失去食用价值,如果持续时间较长,会使鱼、贝类蓄积致癌物质,从而危及人体健康等。正是由于石油污染后果严重、发生频率趋于增长的态势,所以受到国际社会的特别关注。防止船舶溢油污染海洋在海洋环境保护中较早提出,并逐步制定了比较系统完善的法律制度。20 世纪 60 年代末国际海事协商组织,在比利时的布鲁塞尔召开会议,通过了《国际油污损害民事责任公约》,该公约申明:"意识到全世界海上运输精装油类引起污染危险;确信有必要保证对因船舶溢出或排放油类造成污染而遭受损害的人员给予充分赔偿;为了确定在上述情况下的责任问题和给予适当赔偿,急待采用统一的国际规定和程序。"继之,国际海事协商组织为全面调整船舶污染海洋的关系,在充分总结、反映当时各国防止船舶污染的成功政策、方法、措施和技术的基础上,于 1973 年在英国伦敦召开海事组织成员国大会上,制定并通过了《国际防止船舶造成污染公约》。该公约是《1954 年国际防止油污公约》之后,有关防止船舶污染海洋的法律制度新进展的编纂,它是迄今为止在防止船舶污染方面比较全面的重要公约。首先,《国际防止船舶造成污染公约》的目标是彻底的,要求达到"消除有意排放油类和其他有害物质而污染海洋环境并将这些物质的意外排放减至最低限度"的理念;其次,对具体防污标准通过了 5个附则进行详细规定。

附则 1 为防止油污规则,分 3 章 25 条,以及油类、油污证书和油类记录簿 3个附录。基本上概括了 1954 年油污公约的技术条款。

附则 2 为控制散装有毒液体物质污染规则,计 13 条,以及有毒液体物质的分类准则、名单和其他物质名单、货物记录簿及证书格式等 5 个附录。

附则 3 为防止海运包装或集装箱、可移动罐柜式公路及铁路罐车装有害物质污染规则,计 8 条。

附则 4 为防止船舶生活污水造成污染的规则,共 10 条。

附则 5 为防止船舶垃圾造成污染的规则,计 7 条。

1973 年《国际防止船舶造成污染公约》通过之后,重大油轮事故在各海区不断发生,如 1975 年希腊籍帕尼斯·阿尼号油轮在澳大利亚西部海域发生事故,溢油 15 000 吨;1976 年希腊籍阿尔戈商人号在美国东海岸搁浅,溢出燃料油 160 多万升,接着在美国邻近海域又有几起油轮沉没溢油事件等。针对这些船损溢油,1978 年国际海事组织召开了"国际油轮安全和防污会议",会议制定了《〈1973 年防污公约〉的 1978 年议定书》,并对附则 1(即:防止油污染规则)进行了修改和补充。在同时期内,沿海国家也普遍注意和加强了防止船舶污染的立法与管理,仅在 20 世纪 70 年代颁布、实施的法律、法令就有:《防止北极水域污染法》(加拿大,1970 年)、《防止油类污染法》(加拿大,1973 年)、《防止船舶造成油污损害的法令》(芬兰,1972 年)、《油污损害赔偿保障法》(日本,1975 年)、《海洋污染管制法》(阿曼,1974 年)、《防止海洋污染法令》和《油类污染民事责任法》(新加坡,1971,1972 年)、《油污损害赔偿法》(瑞典,1973 年)、《防止船舶污染海水措施法》(瑞典,1972 年)、《前苏联海运部北方航道管理法令》(1971 年)、《油污染防止法》(英国,1971 年)以及美国《联邦水污染控制法》等。其中有的虽然不是专门的防止船舶污染海洋的法律,但都包含船舶防污染损害的制度规定。以上情况说明,20 世纪 70 年代是国际社会更加关心、重视和加强防止船舶污染海洋保护的新阶段的开始。

我国防止船舶污染海洋的系统保护和立法相对稍迟一些,直到 1982 年才颁布包含"防止船舶对海洋环境的污染损害"在内的《中华人民共和国海洋环境保护法》。不过,很快又于次年制定了专门的《防止船舶污染海域管理条例》。自此之后,我国防止船舶污染海洋的保护,步入了法制化的轨道。

6.5.2　船舶污染的特点

船舶活动及对海洋产生影响的特点,决定了船舶防污染保护工作的特点,并形成防止船舶污染的保护思想、原则、方法和内容。

(1)船舶机动性。

船舶作为运载的工具,其活动性、机动性应是其最主要的特点。凡是有一定范围和深度的地方都可以成为船只活动的区域。这些区域都会受到船只故意地、任意地或意外地排放油类和其他有害物质的影响或损害。船舶污染的这种特点,给保护工作带来许多困难和问题,完全使用海洋工程、海洋石油勘探开发和海上倾废等防污染保护的方式、方法,就难以奏效,甚至可以说无法进行。为了及时发现、监督船只海上排放污物的情况,就需要使用快速、大面积航空、航天的遥测、遥感手段,以便尽可能在更大范围监视船舶污染信息,为处理提供依据等。但是,不论技术手段发展达到多高的水平,要达到全面覆盖整个海洋或国家管辖海域,也是不大可能的,因此,缩小范围、突出重点监视、监测的重要海域或敏感、脆弱海区就成为必须的管理措施了。在不少国家的船舶防污染法律中,都划出"禁区"和"特殊区域"等,例如《国际防止船舶造成污染公约》附则1防止油污染的规则第一条第十款规定:"特殊区域系指这样的一个海域,在该海域中,由于其海洋学的和生态学的情况以及其运输的特殊性质等方面的公认的技术原因,需要采取防止油污的特殊强制办法。"特殊区包括该附则第十条所列的海区,即:特殊区域为地中海区域、波罗的海区域、黑海区域、红海区域和海湾区域等。科威特《防止通航水域石油污染的法令》,则规定为"禁区",把科威特的内水水域,包括科威特湾封闭线向陆一方的所有区域。科威特领水以及太平洋与大西洋局部区域、北海与波罗的海、地中海与亚德里亚海、黑海与亚速海、红海、阿拉伯海、孟加拉湾、印度洋局部区域等列为"禁止由任何船只、着陆物,或者船上或着陆物上用以容纳或从着陆物向另一场所运送石油的设备排放或流失油类或其他油性混合物而污染"海洋的严禁排放海区。由于划出禁止船舶排放区,从而使实施管理成为可能和有效。

(2)排放物质的多样性。

船舶向海排放或可能排放的物质是多样的,有油类、含毒性液体物质、含毒固体物质、生活废水和垃圾等。据OPRC公约的规定,油类包括:原油、燃料油、油泥、油渣、含油废水、油性混合物和各种原油制品等;有毒流体物质更为复杂,有关制度将其分为四类:

A类:能为生物积聚并易于对水生生物或人体健康造成危害的物质,或是对水生生物有毒性的物质,以及在特别强调危害方面的附加因素或该物质的特殊性时,某些对水生生物有中等毒性的物质,如二硫化碳、甲酚、甲苯基酸等。

B类:能为生物短时积聚约一周或不到一周的物质,或是易于对海洋食物造成污染的物质,或是对水生生物有中等毒性影响以及在特别强调危害方面的附加因素与物质的特殊性质时,某些对水生生物有轻微毒性作用的物质,如烯丙酸、氨(28%水溶液)、丁酸、四氯化碳等。

C类:对水生生物有轻微影响,以及在特别强调危害方面的附加因素或物质的特殊性质时,某些对海洋生物几乎无毒性的物质,如乙醛、醋酸、乙酰酸、苯、苛性钾等。

D类:对海洋生物几乎无毒的物质,或能造成生化需氧量高的覆盖海床的沉积物,或由于其持久性、气味或有毒的或刺激的性质而对休息环境造成中等损害,以及可能妨碍对海滨利用的物质等,如丙酮、明矾(15%溶液)、烃己基替乙二胺、醋酸正丁酸等；有毒的固态物，种类也很复杂，其中有的虽然无毒，但随数量的增加而可能转化有损害影响，如在近海还可能影响海洋娱乐价值等；船舶生活污水，含任何类型的厕所及厕所的一切排出物，医务室所产生的废物，装有动物处所排出物以及混有上述排出物的其他废水等；船舶垃圾，包括"产生于船舶通常营运期间并要不断地或定期地予以处理的各种食品、日常用品和工作用品的废弃物"等。船舶运行、使用过程中，直接或间接排入或可能排入海洋的废水、废物和装载之物是繁多复杂的，它们对海洋环境和资源的影响也必然是多种形式的。为此船舶防污染的管理制度和方法也必须建立在这一客观基础上。

(3)漂移与流动性。

海水介质是流动的，由此决定了船舶进入海洋里的污染物也不可能局限或固定在入海的某一地点。其溢、漏油类，漂浮于海面，要随风浪和表层流而扩散，所能达到的区域，完全由溢、漏油的数量、动力条件和时间而决定，有的影响区域可达数百、数千千米，甚至数万千米。排放的其他物质，按其物态、性质、入海后的变化和海水动力、时间等条件，而有不同的影响范围和程度，其与陆地的状态是完全有别的。不论移动(或进入海水后的转化)都要传送到一定的区域，并影响该区域的环境及其生物资源。针对这种特点，为尽量减少危害、缩小危及区域，就需要采取相应的措施，并反映到管理的有关制度上来，如海上船舶溢油应急计划，即是根据海面漂油迅速扩散的特点而建立的防范性计划，一旦较大溢油事故发生，主管机构将很快组织实施应急计划，首先是布放围油栏，把漂油圈闭起来，避免随风流扩散，然后进行溢油回收或使用其他方法处理。

6.5.3 防止船舶污染管理

根据船舶在航行中可能发生的污染损害和已形成的管理制度，防止船舶污染管理的主要任务有五项：

(1)船舶防污染证书和防污设备管理。

①防污染证书管理。船舶防污染损害证书是船只的重要文书内容。它既是船只的有关证明和实况记录的文件、档案，也是供管理部门和司法处理的调查与取证的原始材料。我国《海洋环保法》规定：150吨以上的油轮、400吨以上非油轮、2 000吨以上散装货轮和各种运载有毒、含腐蚀性货物船舶，都要依要求配备港务监督部门制定的《油类记录簿》、《油污损害民事责任保险或其他财物保证证书》、《油污损害民事责任信用证书》以及其他防污文书等。

国家港监部门，除对国内船舶防污文书实施统一监督管理外，根据《国际防止船舶造成污染公约》规定,在"一缔约国授权按照规则的各项规定所颁发的证书,其他缔约国应予承认,并视为在本公约涉及的全部范围内与他们自己颁发的证书具有同等的效力"的原则下,还拥有对外国进入所管辖港口或近海装卸站的船舶的检查和依法处理权,包括通过正式授权官员检查、核实船上是否备有有关的、有效证书,如果船只及其设备条件实质上不符合证书所载情况,或者船只根本不备有有效证书,执行检查的官员应采取步骤,以使该船的出海对海洋环境不会产生危害性的威胁,只有达到这一要求,才能准予开航驶往可供使用的最近的、适当的修船厂等管理行为。

②防污染设备管理。各类船舶应按标准配备有关的防污染设备。我国法律规定,凡 150 吨以上油轮、400 吨以上的非油轮,所配备的防污染设备要符合以下要求:机舱污水和压载水分别设置、使用管道系统;设有污油储存舱;装置标准排放接头;装设油水分离或过滤系统;配备排油监控装置(对 1 万吨以上船只要求)以及其他国家、国际规范要求防污设施等。

船舶防污染管理机关,在管辖海域和管辖范围内,对国内外船舶依法执行检查、监督和管理其防污设施的配备、使用情况。

(2)防止船舶油污染管理。

据统计,船舶漏油污染多在以下环节、场合或条件下发生,以避免因此可能发生的污染损害。首先是船只进行油类作业,比如在油轮装卸油、普通船只加油过程中,由于管路、阀门等设备或监管上的原因,发生跑、冒、滴、漏油事故;其次是船只故意、任意或意外的,向海洋排放压舱、洗舱、机舱的污水,或其他的含油废、污水;再有即是各类海难事故,如碰撞、翻沉、触礁等而产生泄油。

为开展有效的防止船舶油污染管理,必须切实控制船舶溢、翻油的发生及其入海的途径,并尽可能地避免船只海难事故的发生,特别是大型油轮的海难事故。不过,任何理想上的目标和要求,总是难以做到同实践结果百分之百的符合,在海上船舶数量不断增加、船舶技术和管理技术先进与落后长期共存的情况下,尽管船舶滋、翻油的事故比例,在总体上没有上升,但其事故的绝对数量,还是呈现增加的趋势。存在决定管理,船舶油污染的客观情况决定了防止其油污染管理两项基本管理任务:①预防保护,根据船舶油污染入海途径制定相关的管理制度、标准并监督其贯彻执行。例如,我国防止船舶油污染法律法规中,对船舶油类作业及油水排放规定了具体操作细则和必须排放的含油污染物应达到的标准以及排放的方式方法。其中在技术要求与指标上,一般都具有国际的通用性。②各类船舶滋油事故的处理,无论是人为事故,还是非抗拒性的灾害事故,抑或既包含人为因素,也包含非人为因素的复杂事故,都需主管部门依法进行处理和对海洋环境不利影响的消除工作。美国《联邦水污染控制法》规定:"无论何时,只要在美国通航水域中发生海上不幸事故,以致因船只排放或紧急排放大量石油而对美国的公共卫生和福利(包括但不限于鱼类、贝类及野生生物)以及对美国的公共的或私人的海岸线和海滨造成重大的威胁,美国就可以:①调动或指挥一切公共的或私人的力量,来清除或消除这类威胁;②采取一切可行的措施,立即排除这类船只,必要的话予以销毁,而不管人员雇用或拨用基金的花费方面如何规定。根据本分节规定而造成的任何开支应作为美国政府为(六)分节(即肇事者应负担的清理费用方面的规定条款)的目的清除石油而付出的代价。"同时该法还规定美国政府在处理溢油船只或对有可能产生威胁的船只所拥有的行动权力,除隶属政府之公务船只外,"总统授权执行本节规定的任何人",均可登临并检查管辖水域内的任何船只;对持有或不持有任何证书而违反本法规定或依据本法所颁布的任何条例的任何人,可行使逮捕行动;执行主管法院或官员所签发的任何证书或其他诉讼活动等。我国法律对船舶溢油事故处理也有一套完整的管理制度。

(3)防止危险货物和有毒物质污染管理。

船舶装运易燃、易爆、腐蚀、有毒害和放射性物品,应采取必要的安全与防污染措施,以防止发生事故造成有毒和危险货物散落或溢翻入海,酿成污染灾害。为此,国际海事组织在《国际防止船舶造成污染公约》中,专设了《控制散装有毒液体物质污染的规则》,另外制定了《国际海上危险货物运物规则》等,有关国家对一些重要海域,如波罗的海、地中海等,制定了针对性更强的防止危险品和有毒物质运输的专门制度。我国也根据《海洋环境保护法》和《海上交通安全法》的有关规定,制定、实施了《船舶装载危险货物监督管理规则》、《水路危险货物运输规则》等法规。

这些制度,在对有毒和危险品科学界定、划分及对不同海域环境与资源功能大分区的基础上,确立了分类管理原则与模式。按照国际通行做法,及有毒物质对海洋及人体健康危害程度,将其划分为 A,B,C,D 四类,并分别规定其排放的要求。在一般情况下,A 类物质(包括它们的压舱水、洗舱水或其残留液体、混合液体等)原则上是禁止排放的,但如果能满足以下条件也是可以有控制地进行排放,即舱内余留的残留物,经加入不少于该舱总容积的 5% 的水加以稀释,并满足航行速度至少为 7 节(若为非自航船,航速至少为 4 节);距离陆地不少于 12 海里、水深不少于 25 米;排放入海的位置应在船只吃水线以下等。对于其他三类,在原则上一般也属禁止之列,不过,只要满足特定的条件也是允许排放的,当然条件较之 A 类而言要宽松,比如 D 类有毒物质,同样也包括含有这类物质的压舱水、洗舱水,或其他残留物、混合液等,若能满足一定的离岸距离、船速并保证排放之混合液体浓度不大于水中物质浓度的十分之一,就可排放。不过,装载有毒物质或危险品的船舶,在航行中如遇到非排放不能维持船只安全的情况下,如恶劣的海况、气象,或船只破损等,亦可以实施不按标准或要求的排放活动。但是,不论禁止排放、有条件排放,还是意外状况下的必然与必要排放,都有其相应的管理任务,包括对装载此类物质船只的监督、检查、控制措施的落实以及发生事故的紧急处理等,如《保护地中海免受污染的公约》,在其关于《紧急情况下合作控制地中海石油和其他有害物质造成污染的议定书》之第九条,对紧急情况处理中的保护工作规定了三项:"①就事故的性质和重要性,或必须采取紧急措施的情况,或必要时,对有关石油或其他有害的种类和大约数量,以及污染带的方向和速度,做出必要的估计;②采取一切可能的措施排除或减少污染后果;③直接或通过区域中心迅速将其估计和按控制污染规定从事的所有活动,通报其他缔约国;继续尽可能长期地进行观察,并依第八条规定做出安排。"还要求在事故紧急处理中,应采取一切可能措施救助遇难船上的人员、尽力救护船舶自身、有效控制事故影响,若为缔约国需将事件情况通知政府间海事协商组织,以便动员国际支持力量,协同对事故的处理和污染的消除工作。

(4)船舶废水和垃圾管理。

船舶是海上的生产、生活"场所",因此也经常产生"三废"物质,管理或处理好这类废水、废液和垃圾是船舶防污染管理的任务之一。

国际公约规定,船上的生活污水和垃圾或禁止排放、倾倒,或有条件、有控制地排放。比如生活污水的排放,除在特殊情况下(包括为了保障船只及人员安全或处理设备意外损坏而采取适当的预防性措施等),又能满足规定要求的船只离岸距离在 4 海里之外、运用了符合标准的处理设备、排放已经消毒并将其中的固体物质进行了粉碎、排放航速应不少于 4 节、排放速率应掌握在中等程度,不得因排放污水或垃圾造成海水颜色的改变,和形成海面漂浮物等。对船舶垃圾的倾倒也有类似的专门规定。鉴于船舶垃圾和废水产生经常性和排放、倾倒较大的随意性等原因,都给保护工作带来很多困难。

(5)防止拆船污染管理。

拆解报废船只,因船上存留的垃圾、残油、废油、油污垢、含油污水和易燃、易爆物质以及其他有毒物品,如无严格的预防措施,就可能发生有害物质排入、渗漏或冲刷、淋溶而进入海洋的污染事故,引起海洋生态环境、生物资源等的损害。为防止拆船污染海洋,我国 1988 年制定并颁布了《防止拆船污染环境管理条例》。

防止拆船污染管理的主要任务如下：

①合理选定拆船厂的具体地点。沿海地方政府和有关主管部门要根据需要与可能，充分注意本地区经济、社会特点，环境与资源状况，统筹规划、合理地选定拆船厂点。但是，原则上禁止在水源地、海水淡化取水地、盐田区、重要渔业水域、养殖区、自然保护与特别保护区、风景旅游区、海水浴场以及其他需要保留、保护区布设拆船厂点。

②组织海洋环境影响评价。选定拆船厂址必须进行海洋环境影响评价，对拟选区域的环境与资源状况、社会与经济发展走向、拆船厂的规模及所需条件、拆船工艺技术、防污染方案与措施、预期效果分析等进行论证评价。并据评价编制环境影响报告书或报告表，按不同的工程规模报请各级环境保护部门审查和审批。未获批准者，不得设置拆船厂和开展拆船作业。

关心监察、检查拆船活动，处理污染事故。防止拆船污染的主管部门有权对拆船单位的作业活动进行监督、检查，拆船单位必须实事求是地反映情况，提供有关资料。对发生严重污染或破坏环境的拆船单位，主管部门视情况提出限期治理的意见，并报经同级人民政府批准后执行。如系突发性的污染事件，主管部门在监督单位采取消除或控制措施的同时，会同有关单位组织查处工作。

拆船是一项对环境危害较重的行业，加之绝大多数又在沿海滩涂地带作业，因此，对海岸带自然景观及环境资源影响较大，必须加强监督管理。政策上也要限制其发展。

现代海洋调查研究证明，影响海洋环境健康的基本因素，固然是陆源、倾废、石油勘探开发、工程建设和船舶的污染损害，但它们绝不是全部因素，其他如大气带来的污染物质等来源，也是不可忽视的因素。搞好海洋环境保护，必须有效、合理地控制污染源，不从污染源的控制和治理入手，海洋环境保护工作是做不好的，也不可能取得最后的成功。再者，海洋环境保护虽然是海洋环境管理的中心内容，但从理论和方法上研究，两者还不能等同起来，海洋环境管理的概念、范畴较之应该更为广阔一些，比如海洋灾害中，不论是自然的，还是人为活动下产生的，有相当一部分并非污染的原因，也非污染的后果，像海岸地带侵蚀、堆积（包括港口、航道的回淤）、海侵与滨海土地盐化等等，尽管在实践中有的将其作为环保工作的问题，似乎亦无不可，但是，从环境保护发生、发展已形成概念、范畴研究，倒不如作为环境管理的问题来得更为确切、有利。

我国是发展中国家，在发展与保护的关系上，从道理上讲应该是并重的，只有注意环境的保护工作，才能保证社会经济的持续、稳定的发展。但在实际工作中,有时会发生某种忽视环境的问题,这应该是可以理解的,也是一种国情。在这种情形下的海洋环境保护和海洋环境管理发生着诸多困难也是必然的。

6.6 海洋自然保护区防护

6.6.1 海洋自然保护区的概念和作用

(1)自然保护区的概念。

自然保护区是强化的自然保护手段和方式,通过调研、论证,把对人类持续发展有特殊、特定价值与意义的对象及其分布地区,按照法律或行政规定程序选划、批准、建立的保护与管理的地理区域。

1956年我国第一个自然保护区——广东鼎湖山自然保护区建立。截至2009年底,全国(不含我国香港、澳门特别行政区和台湾地区)已建立各种类型、不同级别的自然保护区2 541个,保护区总面积约14 700万公顷,陆地自然保护区面积约占国土面积的14.7%。其中,国家级自然保护区319个,面积9 267万公顷,分别占全国自然保护区总数和总面积的12.6%和62.7%。有28处自然保护区加入联合国教科文组织"人与生物圈保护区网络",有20多处自然保护区成为世界自然遗产地组成部分。①

(2)海洋自然保护区的概念。

海洋自然保护区是指为了人类持续发展,维持海洋的多样化、丰富性,对海洋自然要素中具有不同价值的对象及其分布区,依据法律和规定程序选划出来,并经权力机关批准予以建区保护和管理的海洋地理区域,以使保护对象得以保存、延续、恢复和发展或尽可能保留原始风貌,留存后世。

我国海域纵跨3个温度带(温带、亚热带和热带),具有海岸滩涂生态系统和河口、湿地、海岛、红树林、珊瑚礁、上升流及大洋等各种生态系统。

1988年7月,我国确立了综合管理与分类型管理相结合的新的自然保护区管理体制。规定"林业部、农业部、地矿部、水利部、国家海洋局负责管理各有关类型的自然保护区";11月份,国务院又确定了国家海洋局选划和管理海洋自然保护区的职责。

1989年年初,沿海地方海洋管理部门及有关单位,在国家海洋局统一组织

---

① 来源于我国环保部网站。

118

下,进行调研、选点和建区论证工作,选划了昌黎黄金海岸、山口红树林生态、大洲岛海洋生态、三亚珊瑚礁、南麂列岛等五处海洋自然保护区。

1990年9月,国务院批准以上五处为国家级自然保护区。

1991年10月,国务院又批准了天津古海岸湿地、福建晋江深沪湾古森林两个海洋自然保护区。在这期间,一批地方级海洋自然保护区相继由地方海洋管理部门完成选划并经国家海洋局和地方政府批准建立。

2011年5月19日,国家海洋局举行发布会,海洋局新闻发言人李海清在发布会上公布"新建国家级海洋特别保护区暨首批国家级海洋公园"名单,以下名录引自附件3。

表6-1　国家级海洋自然保护区名录

序号	名称	面积(公顷)
1	丹东鸭绿江口滨海湿地国家级自然保护区	101 000.00
2	辽宁蛇岛—老铁山国家级自然保护区	14 595.00
3	辽宁双台河口国家级自然保护区	128 000.00
4	大连斑海豹国家级自然保护区	672 275.00
5	大连城山头国家级自然保护区	1 350.00
6	昌黎黄金海岸国家级自然保护区	30 000.00
7	天津古海岸与湿地国家级自然保护区	35 913.00
8	滨州贝壳堤岛与湿地国家级自然保护区	43 541.54
9	荣成大天鹅国家级自然保护区	10 500.00
10	山东长岛国家级自然保护区	5 015.2
11	黄河三角洲国家级自然保护区	153 000.00
12	盐城珍稀鸟类国家级自然保护区	284 179.00
13	大丰麋鹿国家级自然保护区	2 667.00
14	崇明东滩国家级自然保护区	24 155.00
15	上海九段沙国家级自然保护区	42 020.00
16	南麂列岛国家级海洋自然保护区	20 106.00
17	深沪湾海底古森林遗迹国家级自然保护区	3 100.00
18	厦门海洋珍稀生物国家级自然保护区	39 000.00

（续表）

序号	名称	面积（公顷）
19	漳江口红树林国家级自然保护区	2 360.00
20	惠东港口海龟国家级自然保护区	1 800.00
21	广东内伶仃岛—福田国家级自然保护区	921.64
22	湛江红树林国家级自然保护区	20 279.00
23	珠江口中华白海豚国家级自然保护区	46 000.00
24	徐闻珊瑚礁国家级自然保护区	14 378.00
25	雷州珍稀海洋生物国家级自然保护区	46 865.00
26	广西山口红树林生态国家级自然保护区	8 000.00
27	合浦儒艮国家级自然保护区	35 000.00
28	广西北仑河口红树林国家级自然保护区	3 000.00
29	东寨港红树林国家级自然保护区	3 337.00
30	大洲岛海洋生态国家级自然保护区	7 000.00
31	三亚珊瑚礁国家级自然保护区	5 568.00
32	海南铜鼓岭国家级自然保护区	4 400.00
33	象山韭山列岛国家级自然保护区	48 478.00

表6-2　国家级海洋特别保护区

序号	名称	面积（公顷）
1	江苏海门市蛎岈山牡蛎礁海洋特别保护区	1 222.90
2	浙江乐清市西门岛国家级海洋特别保护区	3 080.00
3	浙江嵊泗马鞍列岛海洋特别保护区	54 900.00
4	浙江普陀中街山列岛国家级海洋生态特别保护区	20 290.00
5	浙江渔山列岛国家级海洋生态特别保护区	5 700.00
6	山东昌邑国家级海洋生态特别保护区	2 929.28
7	山东东营黄河口生态国家级海洋特别保护区	92 600.00
8	山东东营利津底栖鱼类生态国家级海洋特别保护区	9 404.00
9	山东东营河口浅海贝类生态国家级海洋特别保护区	39 623.00

（续表）

序号	名称	面积（公顷）
10	山东东营莱州湾蛏类生态国家级海洋特别保护区	21 024.00
11	山东东营广饶沙蚕类生态国家级海洋特别保护区	8 282.00
12	山东文登海洋生态国家级海洋特别保护区	518.77
13	山东龙口黄水河口海洋生态国家级海洋特别保护区	2 168.89
14	山东烟台芝罘岛群海洋特别保护区	769.72
15	山东威海刘公岛海洋生态国家级海洋特别保护区	1 187.79
16	山东乳山市塔岛湾海洋生态国家级海洋特别保护区	1 097.15
17	山东烟台牟平沙质海岸国家级海洋特别保护区	1 465.20
18	山东莱阳五龙河口滨海湿地国家级海洋特别保护区	1 219.10
19	山东海阳万米海滩海洋资源国家级海洋特别保护区	1 513.47
20	山东威海小石岛国家级海洋特别保护区	3 069.00
21	辽宁锦州大笔架山国家级海洋特别保护区	3 240.00

表 6-3　国家级海洋公园

序号	名称	面积（公顷）
1	广东海陵岛国家级海洋公园	1 927.26
2	广东特呈岛国家级海洋公园	1 893.20
3	广西钦州茅尾海国家级海洋公园	3 482.70
4	厦门国家级海洋公园	2 487.00
5	江苏连云港海洲湾国家级海洋公园	51 455.00
6	刘公岛国家级海洋公园	3 828.00
7	日照国家级海洋公园	27 327.00

表 6-4　省级海洋自然保护区名录

序号	名称	面积（公顷）
1	黄骅古贝壳堤省级自然保护区	117.00
2	青岛大公岛岛屿生态系统自然保护区	1 603.23

（续表）

序号	名称	面积（公顷）
3	胶南灵山岛省级自然保护区	3 283.20
4	青岛市文昌鱼水生野生动物市级自然保护区	61.81
5	庙岛群岛斑海豹自然保护区	173 100
6	海阳千里岩岛海洋生态自然保护区	1 823.00
7	荣成成山头省级自然保护区	6 366.00
8	烟台崆峒列岛自然保护区	7 690.00
9	龙口依岛省级自然保护区	85.49
10	莱州浅滩海洋资源特别保护区	5 519.24
11	上海市金山三岛海洋生态自然保护区	46.00
12	长乐海蚌资源增殖保护区	4 660.00
13	泉州湾河口湿地省级自然保护区	7 008.00
14	东山珊瑚礁自然保护区	3 630.00
15	宁德官井洋大黄鱼繁殖保护区	19 000.00
16	龙海九龙江口红树林自然保护区	420.20
17	南澎列岛海洋生态省级自然保护区	35 679.00
18	江门中华白海豚省级自然保护区	10 748.00
19	阳江南鹏列岛海洋生态省级自然保护区	20 000.00
20	琼海麒麟菜省级自然保护区	2 500.00
21	儋州白蝶贝省级自然保护区	30 900.00
22	文昌麒麟菜省级自然保护区	6 500.00
23	海南省清澜港红树林自然保护区	2 948.00
24	海南西南中沙群岛省级自然保护区	2 400 000.00
25	闽江河口湿地自然保护区	3 129.00
26	临高白蝶贝省级自然保护区	34 300.00

表 6-5 省级海洋特别保护区

表 6-5 省级海洋特别保护区

序号	名称	面积(公顷)
1	胶州湾滨海湿地省级海洋特别保护区	3 621.92
2	台州大陈省级海洋生态特别保护区	2 160.00
3	温州洞头南北爿山省级海洋特别保护区	898.00
4	瑞安市铜盘岛省级海洋特别保护区	2 208.00
5	烟台山海洋生态特别保护区	570.65
6	长岛长山尾地质遗迹海洋特别保护区	297.00
7	日照市大竹蛏—西施舌生态系统海洋特别保护区	10 256.00
8	蓬莱市登州浅滩海洋资源省级海洋特别保护区	1 622.96
9	烟台逛荡河口海洋生态特别保护区	320.00
10	招远砂质海岸海洋特别保护区	841.79

注:中国香港、澳门特别行政区和台湾省自然保护区未计入。

(3)建设保护区的作用。

①保护海洋生态过程和生命支持系统;

②海洋生物多样性的基地;

③保留海洋自然条件的天然"本底"和"原始"风貌;

④科学研究的天然现场;

⑤观赏、娱乐和旅游价值;

⑥宣传教育群众的基地;

⑦促进自然资源持续利用。

6.6.2 海洋自然保护区建设和保护原则

(1)自然保护区建设与海洋经济发展协调一致原则;

(2)坚持综合、整体保护原则;

(3)科学划分、分类管理原则;

(4)关心群众利益和宣传依靠群众原则。

昌黎黄金海岸自然保护区*

昌黎黄金海岸自然保护区位于河北省东北部昌黎沿海,北起大蒲河口,南至滦河口,长30千米。西界为沙丘林带和潟湖的西缘,东到浅海10米等深线附近,面积为300平方千米,其中陆域100平方千米,海域200平方千米。这是一个综合生态系统自然保护区,保护对象为沿岸自然景观及所在陆地海域的生态环境,有沙丘、沙堤、潟湖、林带、海水,还有文昌鱼等生物。

海岸沙丘是这个保护区自然景观的主体。沙丘带宽1~2千米,高一般为20~30米,最高点达45米。主沙丘沿着高潮线呈东北—西南方向分布,内侧有40余列西北—东南走向的弧状支丘与其连接,从高处看像一支羽毛,远眺沙丘,连绵起伏犹如金黄色的山脉,十分美丽壮观,在国内外十分罕见。"黄金海岸"之称则是由此而来。海洋专家们认为,这里是研究海洋动力学和海陆变迁的重要场所。

在这个保护区南部有一个典型的半封闭的潟湖,叫七里海,面积约8.5平方千米。潟湖东北端有一长2千米、宽200~400米的新开口潮汐通道与海相通。过去,海洋生物洄游七里海产卵繁衍,现在由于筑堤、建闸使通道变窄,海洋生物洄游已受到影响。

沙丘带的东侧有连绵30千米的海滩。宽敞的海滩,沙细,坡缓,潮差小,水又清,是难得的旅游资源。

沙丘带内侧有几十千米长的林带,主要树种有刺槐、小叶杨、柳树等,树高10米左右,其间有若干片野生的滨海沙生植物和湿地植物。

这里地处鸟类南北和东西迁徙路线的交点,鸟类有鸥类、鸭类、鹬类的鸟168种。海洋生物种类较多,以桡足类为主的浮游动物53种,以鳀鱼、黄鲫鱼等为主的海洋鱼类78种,文昌鱼、毛蚶等浅海底栖动物150余种,具有良好的生物多样性。文昌鱼是近十年来发现的典型的脊索动物,是无脊椎动物过渡到脊椎动物的过渡类型,是研究动物进化和胚胎学、细胞生物学的重要材料,因而被称为"活化石"。

1992年8月,国家海洋局与河北省人民政府批准建立了"国家级昌黎黄金海岸自然保护区"

---

* http://www.kepu.com.cn/gb/earth/ocean/protect/index.html

山口红树林生态自然保护区

山口红树林生态自然保护区是我国第二个国家级的红树林自然保护区。

红树林是热带、亚热带海湾、河口泥滩上特有的常绿灌木和小乔木群落。这里风力较弱,潮汐缓和,利于海潮和内河带来的泥沙及碎屑物的沉积,形成适宜红树林生长的生态环境。红树林具有呼吸根或支柱根,种子可以在树上的果实中萌芽长成小苗,然后再脱离母株,坠落于淤泥中发育生长。小苗即使掉在海水中被海浪冲走,也能随波逐流,数月不死,一遇泥沙,数小时后即可生根成长。红树林生态系统是世界上最富多样性、生产力最高的海洋生态系统之一。林繁叶茂的红树林不仅为海洋生物和鸟类提供了一个理想的栖息环境,而且以其大量的凋落物为之提供了丰富的食物来源,从而形成并维持着一个食物链关系复杂的高生产力生态系统。

位于广西合浦县东南部沙田半岛的山口红树林生态自然保护区,是北回归线以南热带红树林生态系统的代表。它由该半岛东侧和西侧的海域、陆域及全部滩涂组成,总面积80平方千米,岸线总长50千米。东侧是火山灰发育的土壤,滩涂淤泥肥沃,红树林生长特别茂盛。西岸滩涂全为淤泥质,适宜红树林生长。而且保护区所处地理位置光热条件较好,冬季低温影响小,海湾侵入内陆,封闭性好,风浪、潮汐、海流的作用较弱,岸滩比较稳定,海水污染程度很低,水质洁净,是红树林大面积分布和生存的理想区域,构成良好的生态系统。这里是我国大陆海岸发育较好、连片较大、结构典型、保存较好的天然红树林分布区。自从这里建立红树林生态自然保护区以后,数万亩红树林生机勃勃。众多的鸟群在此栖息,有的还是珍贵鸟类,堪称"鸟类天堂"。凌晨,鸟鸣声从四面传来,此起彼伏,叫人数不清到底有多少"咏晨歌手"在合唱。太阳初升,白鹭扇动着雪白的翅膀,向东南方向飞去;日轮西沉,林中苍鹭东岸呼西岸应,红树林中呈现着"千鹭鸣红林"的壮观场面。

英罗港分区是连片的红树林,红树高大挺拔,底部盘根错节,十分壮观,在我国极为罕见。这里是保护区的核心区之一。1992年3月,马鞍半岛建立了园林式的管理站,高处修筑了凉亭,国家海洋局和广西壮族自治区政府共同在这里树立了"国家级山口红树林生态自然保护区"区碑。随着保护区的建立,几年来,人们络绎不绝地慕名来到英罗参观和考察。红树林素有"海中森林"之称,为热带海岸独有的地理景观,与其他海岸风光比较自有一种截然不同的别致风情,是我国稀有的旅游资源,可发展海滨风光生态旅游。现在北海市已将保护区列为主要观光旅游点之一。

大洲岛国家海洋生态自然保护区

大洲岛国家海洋生态自然保护区是海岛生态系统类型的自然保护区,位于海南岛东部沿海,在万宁县境内,即 $110°27'\sim110°31'E$,$18°38.8'\sim18°41.4'N$ 范围内,面积 70 平方千米。

大洲岛由南岭、北岭两岛构成。南岭面积2.7平方千米,海拔 289 米;北岭面积 1.5 平方千米,海拔 136 米,地势较平坦,沿海一带有较长的沙滩。南北两岭由一条长 800 米,宽 40 米的沙带连接,退潮时,沙带露出水面,涉水可过。沙带东面是天然的海水浴场,西面可停靠各种渔船。

大洲岛是珍贵的生产燕窝的鸟类——金丝燕的长年栖息地。燕窝是十分名贵的补品和药品,被历代皇帝列为贡品,素享"东方珍品"和"稀世名药"的盛誉。

岛上植被茂盛,野生动物较多,周围海域生物资源丰富,保护区外部是良好的渔场,岛屿和周围海域构成重要的生态系统。金丝燕就是在这种特殊的生态环境中生长、繁殖。

但是,长期以来,沿海渔民每年定期上岛盲目采集燕窝,因过度采集,造成金丝燕种群衰退。由于对海岛及周围海域生态系统未加妥善保护,海上酷渔滥捕,破坏了生态平衡,直接影响了金丝燕的栖息环境。

为了保护大洲岛的珍稀物种——金丝燕,1983 年万宁县建立了县级自然保护区。1989 年,经过全面论证,国家海洋局提出建立海岛海域生态系统自然保护区,于 1990 年 9 月 30 日经国务院批准,正式确定为国家级海岸自然保护区。这个保护区是海南省第二个国家级海洋自然保护区。

保护区内有丰富的生物资源,是生物多样性保护的重要区域。岛上生长着灌丛和藤类,终年郁郁葱葱。植物种类有山竹树、边麻树、锯笼树、法苏、花单、红藤、白藤等,还有名贵的中草药金不换、金银花等。野生动物除金丝燕外,还有穿山甲、蟒、猴、狐狸等。

岛上沿岸地貌为花岗岩构造,受海水剥蚀影响,呈同心圆形状,十分奇特。南岭上,山岩耸峙,峭崖上遍布天然裂缝、洞穴和葱郁的植被,僻静幽深,为金丝燕提供了栖息繁殖的良好场所。海中丰富的藻类、鱼类,是金丝燕的天然食料。这里处于绝对保护的核心区。每年 3、4 月份是金丝燕的繁殖季节,它们在洞穴深处,吐唾筑巢,约 30 天完成,这巢就是"燕窝"。

三亚国家珊瑚礁自然保护区

我国海南岛三亚附近海域,生长着大片美丽的珊瑚礁,吸引着大批中外游人。为了保护这里珍贵的珊瑚礁资源,经国务院批准,这里被定为国家级珊瑚礁海洋自然保护区。

三亚珊瑚礁自然保护区地处热带北部,位于海南岛南端,三亚市鹿回头半岛沿岸、东西眉洲、亚龙湾海域,海陆总面积为85平方千米。水下分布有80多种造礁珊瑚。珊瑚礁生物群落中珍稀生物很多,是保护海洋生物多样性的重要海区。

珊瑚是一种经济价值和生态价值都很高的海洋腔肠类动物。三亚沿海自然环境良好,很适宜珊瑚的生长繁殖,在漫长的地质年代,多种珊瑚在这里不断繁衍,形成了大片珊瑚礁。这里礁群发育良好,珊瑚的种类和数量在中国近海均占领先地位。珊瑚在生长进化过程中,形成了各种各样的珊瑚礁,并栖息着多种鱼、虾、贝、藻和其他门类的海洋生物,构成了美丽的水下景观。

三亚市海滨有优美的风景旅游资源,有关部门正积极筹划建立国家级风景名胜区。珊瑚礁自然保护区与风景名胜区两者性质、功能、作用不同,但它们紧密相连,交相辉映,互为补充,犹如两颗灿烂的明珠,更增添了我国南海之滨的风采。

南麂列岛海洋自然保护区

这个海洋自然保护区位于浙江外海,属于亚热带海洋季风气候区。列岛为基岩丘陵岛屿,由23个海岛、14个暗礁、55个明礁等组成,最大岛为南麂岛,面积7平方千米,最高峰为大山,海拔229米。该保护区受台湾暖流和浙江沿岸流影响,为海洋生物栖息生长提供了良好的场所。

南麂列岛的良好气候,特殊的海洋水文和地质地貌条件,形成了特殊的生态环境、物种和生物群落。该区贝、藻类丰富,是中国海域的重要贝、藻类基因库。该区有海洋贝类403种,约占我国贝类总数的20%;海洋藻类174种,约占我国藻类总数的20%。除了海洋贝类、藻类资源外,这个自然保护区还有368种鱼类、180种虾蟹类生物;有陆源种子植物317种、脊椎动物55种。

南麂列岛海洋自然保护区总面积为201.06平方千米,海域面积190.71平方千米。这里有众多的小岛,各具特色。大擂岛和竹岛生长大量的水仙花,俗称"水仙花岛";还有蛇岛、鸟岛。南麂岛的三盘尾则是怪石众多,岩壁耸秀,草坪如茵,其旅游资源丰富多彩。

127

在这里的大沙吞已树起国家海洋局和浙江省人民政府共同建立的"国家级南麂列岛海洋自然保护区"区碑,这是我国建立的第一个海岛海域生态系统自然保护区,具有重要的科学和生态价值,对我国和全球生物多样性保护有重大意义。同时,每年许多人纷纷来到南麂列岛,参观这个国家级海洋自然保护区,仅每年的暑期就有几万人到此旅游观光,而且游人逐年增多。

6.6.3　海洋自然保护区的保护对象、类型和分类

6.6.3.1　海洋自然保护区的保护对象

(1)"原始"海洋区域保护。

受人类活动影响微乎其微的海洋区域,要保护其原始性,使之不致酿成不可复得的结果。

(2)海洋珍惜或濒危物种保护。

(3)典型海洋生态系统保护。

海洋生态系统丰富多样,也具有明显的脆弱性。热带亚热带红树林、珊瑚礁生态系统被严重破坏。

(4)代表性的海洋自然景观和有重要科研价值的海洋自然历史遗迹保护。

(5)综合,整体的区域海洋自然保护。

具有多个受保护的对象,比如说某些海岛,同时有特殊的地貌、生物群落、自然遗痕等要素。

6.6.3.2　海洋自然保护区的类型

(1)海洋自然景观类保护区。

(2)海洋野生生物和生态系统类自然保护区。

保护濒危物种和有代表性的生态系统,比如我国的双台河口自然保护区,主要保护对象为丹顶鹤、白鹤等珍稀水禽和海岸河口湾湿地生态系统。

(3)自然历史遗迹类保护区。

旨在保护海陆变迁、海洋地质地貌及沉积历史过程的遗存和遗迹、古生物化石等。如我国的深沪湾古森林海洋自然保护区,它为我们揭示了7 000年前的海底古森林和近万年前的牡蛎礁等珍贵的"自然古迹"。

(4)生物圈保留地。

这是以"人与生物圈"为宗旨的海洋自然保护区,注重在一定自然地理区域

内,人既能最好的开发利用自然资源与空间,又能最好的保护生物圈不受损害或破坏。

6.6.3.3 海洋自然保护区的分级

(1)国家级自然保护区。

其保护对象在全国范围内具有典型的特殊的意义,对世界有重大影响。

(2)地方级自然保护区。

达不到国家标准或者研究意义不够大。

6.6.4 建立海洋自然保护区的程序

(1)建立海洋自然保护区动议的提出。

三种提出的方式:依据规则提出,专家建议,各级人民代表或其他群众团体的提案提出。

(2)预选区调研,论证和征询。

通过对预选区的保护对象、自然环境、生态系统和海洋自然资源的调研来评价其是否具有保护价值。

(3)呈报办理。

申报材料有 4 部分:编写建立国家海洋自然保护区申请书,保护区综合考察报告,保护区研究成果汇编或文集,保护区录像和画册。

(4)批准与公布。

海洋自然保护区的批准权由各级人民政府行使。

6.6.5 海洋自然保护区保护的基本任务

(1)改革完善海洋保护区的管理体制。

海洋保护区管理体制是管理活动和成效的主要制约因素,虽然各国的体制各有不同但有着共同的原则:努力使其管理体制适应本国海洋自然保护事业的发展。

作为自然保护区的一个类型,我国海洋自然保护区由国家海洋管理部门分工统一管理,即:会同有关部门选划和管理海洋自然保护区和海洋特别保护区,分工负责海洋生态环境保护工作。

(2)组织建立海洋自然保护区管理机构,培养保护管理人员。

1)管理机构的职责:

①贯彻执行国家自然保护区和海洋自然保护区的方针政策和法律法规;

②根据国家海洋自然保护区的法律制度制定本保护区的法规和管理制度，并负责监督实施；

③编制保护区建设方案中长期发展规划和年度计划，并创造条件落实；

④组织本保护区的功能区划，按分区功能和保护目标制定管理规范，并组织、监督实施；

⑤按批准的保护方案，设置保护区界碑标志物及有关的保护措施，并组织监督实施；

⑥开展保护区内基础调查和经常性监测、监视工作，建立保护区工作档案；

⑦进行保护对象、区域生态环境的恢复和建设，开展有关科学研究；

⑧在确保保护区宗旨和目标的前提下，发挥保护区的资源与环境优势及多种功能，在允许的区域内组织合理的生产经营活动，努力开辟保护区自给和发展途径；

⑨协助地方政府的有关部门合理安排好保护区内居民的生产生活；

⑩实施保护区的监察执法，保证适用法律法规的全面执行和管理秩序；

⑪开展自然保护区的宣传教育和国外的有关交流活动等。

2)人员培训：

①通晓海洋自然保护区的理论知识和本保护区的管理计划，管理目标与区划；能够熟练地掌握各种情况或问题适用的制度与规定；

②具有将管理计划中的细节落实到现场或付诸实施的能力，能够识别本保护区重要植物和动物物种；

③能够提出现有或潜在问题，在紧急情况发生时，具有采取正确的应急措施和处置的能力；

④具有一定的自然保护区的政策素养，能够理解认识自然保护区总体行为的意义和作用；

⑤能够调动全体人员广泛参与和讨论保护区的各种保护活动；对全体职工做好岗位培训；善于培养高度团结精神等；

⑥能够通过前景的分析评估目前的行为；注意倾听各种意见和申诉并与之讨论协商，在认识评估活动中，能抑制个人的偏见或减少个性的冲突；在工作中能够摆脱个人的好恶，合理公正地处理问题；明白自己的岗位职责；

⑦能够利用自己的时间从事较高水平管理工作，即必须使最终结果对上级承担责任；

⑧保护区的领导应能够与职员团结共事，还应具备对负责创新和具有著名技能的人员以适当的荣誉；能够树立一种工作态度和行为的榜样；

⑨保护区工作人员要具备为海洋自然保护区发展的业务技术能力,能够提出卓有成效的见解和建议;

⑩协调协作精神,公而忘私的工作等;

(3)建立实施海洋保护区的法律制度。

美国1972年的《海洋自然保护法》第三章;新西兰1971年的《海洋保护区法》;特立尼达和多巴哥1970年的《海洋区法令》;塞舌尔1973年的《国家海洋公园条例》;中国1994年的《中华人民共和国自然保护区条例》和1995年的《海洋自然保护区管理办法》。

保护区的管理制度:应根据各个保护区的不同情况制定保护区的专门的管理制度。保护区的法律法规既包括国家地方权力机关和行政机关为保护区制定的法律法规,也包括保护区管理机构制定的法规性管理制度。

保护区的标准规范。

(4)编制海洋保护区规划和区划。

保护区规划包括系统规划和个体规划。系统规划是指国家和地区的整体规划,是国家或地区海洋经济与社会发展规划的组成部分;个体规划是指每个海洋自然保护区的规划。

海洋保护区的区划指的是为提高保护的针对性和有效性,对保护区进行的科学的区划,在《海洋海岸自然保护区——规划与管理》中有所划分的功能类别。

(5)组织保护区监测和科研。

监测包括基础调查、经常性监测和应急监测。所谓基础调查,一是对保护区的环境质量和资源状况全部要素展开的初始监测,二是为了解后来长期的变化趋势和保护效果进行的重复性监测。

科研:"海洋保护区为基础研究提供了机会。保护区对科研的优点在于能够对相同生物群或相同生境进行连续的研究而不会受到好奇者和破坏者的干扰"《海洋与海岸保护区——规划与管理人员指南》。

(6)开辟保护区的自养道路。

海洋自然保护区需要投入大量的人力和物力,限于目前的经济状况,我国的很多保护区都因为没有经费而有名无实。由于自然保护区对人类持续发展有着特殊意义,其中大多数保护区有着雄厚的旅游资源潜力或是其他资源优势,所以在不影响保护目标实现的前提下,因地制宜地开展适度的开发与经营活动,既可以为保护区创收,增强保护区的自我发展的活力,又可以通过开发来探索资源持续利用的新途径。

6.6.6 海洋特别保护区保护

海洋特别保护区是指根据区域的海洋自然地理、生态环境、生物与非生物资源以及开发利用的特殊性和突出的自然和社会价值,而划出的具有一定范围的海洋地理区域。鉴于其特别性和意义,须采取特殊措施以保证该区域的各种海洋资源能够得到科学、合理、永续的利用,充分发挥海洋资源、环境和空间的最佳综合效益。

海洋特别保护区保护:

①保护体制。

原则:执行综合管理与分部门、分级管理相结合的体制。包括政策、原则、规划、宣传论证、监督等,主要由国家海洋管理部门和沿海各省、直辖市、自治区人民政府海洋管理部门承担。

②保护任务。

目前还难以准确地进行规范,但由于其也是一种性质类型的保护区,在某些方面与海洋自然保护区具有共同性。

思考题:

1.海洋环境保护的主要任务有哪些?

2.什么是陆源污染物?影响海洋环境的陆源污染物主要有哪些?

3.简述海洋倾废区的选划标准。

4.海洋石油开发中的防污染保护措施包含哪些方面?

5.简述海洋工程建设防污染环境保护的基本原则和任务。

6.海洋自然保护区的保护对象及其保护的任务是什么?

7.船舶对海域的污染事故屡有发生,试述船舶污染的特点和防污染措施。

7 海洋环境保护技术

海洋环境保护是指采取行政的、法律的、经济的以及科学的多方面措施,保护海洋水域免受污染和破坏,维持海洋生态平衡,促进海洋经济与海洋环境的协调发展。

海洋系统中出现不利于人类或生物生存和发展的因素和现象称之为海洋环境问题。

概括起来说当今人类面临的主要海洋环境问题有以下几方面。

(1)海洋环境污染问题。从全球角度看,近20多年来,随着现代工农业迅猛发展和海洋开发活动加剧,人类活动对近海生态环境系统无情的冲击加强了,海洋环境退化和生态破坏正以惊人的速度在加快。

(2)海洋生态环境破坏和生态失衡问题。近40年来,由于人类活动的影响,我国乃至世界近岸海域,海洋的生态系统结构和功能都在发生不同程度的变化,主要有海洋生物多样性下降和资源衰退问题。研究表明,近几十年来,由于生态环境被破坏和过度捕捞,海洋生物多样性正以空前的速度迅速消失。近40年来,由于人为过度捕捞、海洋环境污染和不合理的开发活动,导致海洋生态系统出现明显的结构变化和功能退化,生物资源衰退、鱼类种群结构逐渐小型化、低质化。另外,生物外来种入侵和引进对特定生态系统结构功能和生态过程危害问题,也引起各国的普遍重视。

(3)有害赤潮问题。有害赤潮是随着世界范围经济发展,沿海地区大量污水和养殖废水排放入海,导致近海富营养化日趋严重,酿成的一种生态灾害。它的发生不仅严重危害海洋渔业和海水养殖业,恶化海洋环境,破坏生态平衡等,而且赤潮毒素还通过食物链导致人体中毒。赤潮灾害造成的巨大经济损失和对生态环境的严重破坏已使其成为世界三大海洋环境问题之一。我国近海也是赤潮灾害的频发区。

(4)全球环境变化对海洋生态环境的危害。"温室效应"不仅会造成海平面上升,危及沿岸人类的安全,也会引起气候异常与海洋自然灾害的增加,对生态环境造成威胁;又如酸雨、臭氧层破坏引起的紫外射线增强等也是海洋生态系统的潜在危害因素。

综合海洋环境科学的研究成就,其研究内容大致可概括为:人为活动释放的物质的入海通量在海洋环境中的行为及其对海洋生态环境的效应和破坏作用;确定当前海洋环境质量恶化、退化的程度和演变及机制;查明区域海洋环境系统中的环境容量及资源开发的承载能力,寻求预防海洋环境问题的产生及改善海洋环境质量的途径和方法。

7.1 海洋污染计算

7.1.1 污水排海量的确定

污水排海量的确定是污染源调查的重要内容,确定污水排海量的方法有推算法和实测法。

推算法。根据用水量和耗水量推算污水排海量:

$$Q_w = Q_c - Q_h \tag{7.1}$$

式中:

Q_w——污水排海量,万吨/年;

Q_c——用水总量,万吨/年;

Q_h——消耗水总量,万吨/年。

实测法。通过对入海排污口的现场测定,得到污水的排海速度和污水排海管(渠)道的截面积,计算出污水排海量:

$$Q_w = S \times M \times T \times 10^{-4} \tag{7.2}$$

式中:

Q_w——污水排海量,万吨/年;

S——污水排放速度,米/秒;

M——污水排海管(渠)道的截面积,平方米;

T——年排放时间,秒/年。

7.1.2 污染物排海量的确定

污染物排海量的确定是污染源调查的核心。确定污染物排海量的方法有物料衡算法、经验计算法和实测法三种。

物料衡算法。生产过程中投入的物料应等于产品所含此种物料的量与此种物料流失量的总和。如果物料的流失量全部由污水携带入海,则污染物的入海量就等于物料流失量。

经验计算法。根据生产过程中单位产品的排污系数求得污染物的入海量:

$$Q=K\times W \tag{7.3}$$

式中:

　　Q——污染物单位时间入海量,千克/小时;

　　K——单位产品经验排放系数,千克/吨;

　　W——单位产品的单位时间产量,吨/小时。

实测法。通过对入海排污口的现场测定,得到污染物的排海浓度和污水排海量,计算出污染物的排海量:

$$Q=C\times L\times 10^{-6} \tag{7.4}$$

式中:

　　Q——污染物的排海量,吨;

　　C——实测的污染物算术平均浓度,毫克/升;

　　L——污水排海量,立方米(吨)。

7.1.3　评价方法

一般应采用"等标排放量法"分析污染物的等标排放量,污染源的等标排放量,区域等标排放量和区域污染源等标排放量比值。

等标排放量的基本计算公式:

$$P=M/S\times 10^9 \tag{7.5}$$

式中:

　　P——等标排放量(升/年);

　　M——污染物入海量(吨/年);

　　S——污染物的排放标准(毫克/升)。

污染物的等标排放量为:

$$P_{ij}=M_{ij}/S_b\times 10^9 \tag{7.6}$$

式中:

　　P_{ij}——i污染源的j污染物的等标排放量$(i=1,\cdots,n)$,$(j=1,\cdots,m)$(升/年);

　　M_{ij}——i污染源的j污染物的入海量(吨/年);

　　S_b——选用的评价标准(毫克/升)。

污染源的等标排放量为:

污染源的等标排放量等于该污染源各污染物的等标排放量之和。

区域等标排放量为：

区域等标排放量等于该区域内各污染源的等标排放量之和。

区域污染源等标排放量比值为：

$$K = P_j / P_r \times 100 \qquad (7.7)$$

式中：

K——区域污染源的等标排放量比值；

P_j——j 污染源的等标排放量；

P_r——区域污染源等标排放量之和。

7.1.4 海洋污染物输运扩散方程的数值模拟方法

7.1.4.1 输运扩散方程的一般形式

$$\frac{\mathrm{d}P}{\mathrm{d}t} = S \qquad (7.8)$$

式中：

P——污染物浓度（mg/L）；

S——单位时间内海水中污染物的增减量（g/s）。

7.1.4.2 二维平均水质模型

对于垂向混合比较均匀的浅海水域，可采用本模型与二维环境动力模型配合使用，其方程表达式为：

$$\frac{\partial(HP)}{\partial t} + \frac{\partial(HuP)}{\partial x} + \frac{\partial(HvP)}{\partial y} = \frac{\partial}{\partial x}\left(HD_x \frac{\partial P}{\partial x}\right) + \frac{\partial}{\partial y}\left(HD_y \frac{\partial P}{\partial y}\right) + HS$$

$$(7.9)$$

式中：

$H = h + \zeta$——瞬时水深（m）；

H——平均海平面以下水深（m）；

ζ——平均海平面以上水位（m）；

u, v——深度平均流速的东分量和北分量（m/s）；

D_x, D_y——离散系数（m²/s）。

其他符号同上。

对于 D_x, D_y 通常采用 Elder 公式计算：

$$(D_x, D_y) = 5.93H\sqrt{g}(u, v)/C \qquad (7.10)$$

136

式中：

g——重力加速度（m/s²）；

C——Chezy 系数，$C=H^{1/6}/n,n$ 为 Manning 系数。

求解(7.9)式的边界条件为：

在闭边界上，物质不能穿越边界，即$\dfrac{\partial P}{\partial n}=0,n$——闭边界的法线方向。

在开边界上，最理想的状况是具有实际观测资料。如无实测资料，则可按下式处理：

流入时，$P=0$ 或某常值。流出时：

$$\frac{\partial P}{\partial t}+V_n\frac{\partial P}{\partial n}=0 \tag{7.11}$$

式中：

V_n——开边界的法向流速；

n——开边界的法线方向。

初始条件可从零值 $P(x,y,0)=P_0(x,y)$ 开始。

7.1.4.3　三维输运扩散模型

对(7.8)式进行雷诺平均，对湍流引起的浓度变动项引入与"Fick"法则类似的湍流扩散系数，则有湍流平均运动的物质输运扩散方程：

$$\frac{\partial P}{\partial t}+u\frac{\partial P}{\partial x}+v\frac{\partial P}{\partial y}+w\frac{\partial P}{\partial z}=\frac{\partial}{\partial x}\left(K_x\frac{\partial P}{\partial x}\right)+\frac{\partial}{\partial y}\left(K_y\frac{\partial P}{\partial y}\right)+\frac{\partial}{\partial z}\left(K_z\frac{\partial P}{\partial z}\right)+S$$

$$\tag{7.12}$$

式中：

P——污染物浓度（mg/L）；

K_x,K_y,K_z——湍流扩散系数（m²/s）；

S——污染物的源或汇（g/s）；

u、v、w——流速的东分量、北分量和垂向分量（m/s）。

结合连续方程，(7.12)式可改写为：

$$\frac{\partial P}{\partial t}+\frac{\partial(Pu)}{\partial x}+v\frac{\partial(Pv)}{\partial y}+\frac{\partial(Pw)}{\partial z}=\frac{\partial}{\partial x}\left(K_x\frac{\partial P}{\partial x}\right)+\frac{\partial}{\partial y}\left(K_y\frac{\partial P}{\partial y}\right)+\frac{\partial}{\partial z}\left(K_z\frac{\partial P}{\partial z}\right)+S$$

$$\tag{7.13}$$

上述模型仅适用于保守性物质。对于不同的污染物，可以根据其特性适当增加方程的项数，例如计算温排水时需考虑海面与大气的热交换，计算悬浮物时应考虑其沉降等。

7.1.4.4　可降阶模型

非保守性物质进入海洋后会发生一系列的生物、化学过程转化，从而使其浓度发生变化，计算时应考虑其降阶作用。以化学需氧量（COD）为例的降阶过程主要包括分解、沉降和溶出。

（1）分解过程。

分解项在输运扩散方程中的形式为：

$$-B \cdot P \cdot H \tag{7.14}$$

式中：

B——分解速度；

P——化学需氧量（COD）的浓度；

H——水深。

分解速度 B 由下式定义：

$$\frac{\mathrm{d}M}{\mathrm{d}t} = -B \cdot M \tag{7.15}$$

式中：

M——海水中有机物的浓度。

将（7.15）作时间积分，得：

$$M = M_0 \mathrm{e}^{-Bt} \tag{7.16}$$

式中：

M_0——$t=0$ 时有机物的浓度；

B 可通过现场和实验室两种方法测定。

（2）沉降过程。

沉降项在输运扩散方程中的形式为：

$$-W_c \cdot P \tag{7.17}$$

式中：

W_c——沉降速度；

P——海水中化学需氧量（COD）的浓度。

W_c 通常采用现场测定的方法测定。其计算公式为：

$$W_c = \frac{F}{C_0} = \frac{R - C_0 V}{ATC_0} \tag{7.18}$$

式中：

F——沉降通量；

R——总沉降量；

C_0——初始浓度；

V——采样瓶体积；

A——采样瓶瓶口面积；

T——采样时间。

(3)溶出过程。

溶出项在输运扩散方程中的形式为：

$$+R \cdot M \tag{7.19}$$

式中：

R——溶出速度；

M——底泥中化学需氧量(COD)的含量。

溶出速度的表达式为：

$$R = \frac{\mathrm{d}C}{\mathrm{d}t} \cdot \frac{V}{A} \tag{7.20}$$

式中：

R——溶出速度；

C——底泥上水的化学需氧量(COD)的浓度；

V——底泥上水的体积；

T——时间；

A——底泥的表面积。

溶出速度 R 还与温度 T 和生化需氧量(DO)有关。与温度的关系式为：

$$R = R_{18} \cdot \theta^{T-18} \tag{7.21}$$

式中：

R_{18}——$T = 18℃$时的溶出速度；

T——温度；

θ——温度订正系数。

与生化需氧量(DO)的关系式为：

$$R = a - b \cdot DO \tag{7.22}$$

式中：

a, b——常数。

7.1.4.5 二维平均水质模型的准分析解法

首先将方程(7.9)按照各项的物理意义在时间步长 $[n\Delta t \longrightarrow (n+1)\Delta t]$ 内

剖分为三部分：

(1)对流项：

$$\frac{\partial P_1}{\partial t} + u\frac{\partial P_1}{\partial x} + v\frac{\partial P_1}{\partial y} = 0 \tag{7.23}$$

(2)扩散项：

$$\frac{\partial P_2}{\partial t} = \frac{\partial}{\partial x}\left(D_x\frac{\partial P_2}{\partial x}\right) + \frac{\partial}{\partial y}\left(D_y\frac{\partial P_2}{\partial y}\right) \tag{7.24}$$

(3)源汇项：

$$\frac{\partial P_3}{\partial t} = f(P_3) \tag{7.25}$$

方程(7.23)~(7.25)的初始条件依次为：

$$P_{10}(x,y,0) = P(x,y,0) = P_0(x,y) \tag{7.26}$$

$$P_1(x,y,n\Delta t) = P_{10}(x,y,\Delta t) \tag{7.27}$$

$$P_2(x,y,n\Delta t) = P_1[x,y,(n+1)\Delta t] \tag{7.28}$$

$$P_3(x,y,n\Delta t) = P_2[x,y,(n+1)\Delta t] \tag{7.29}$$

式中：

$n = 1,2,\cdots,N$；

N——计算步数。

分别对方程(7.23)~(7.25)在初始条件(7.26)~(7.29)下求其解析表达式：

方程(7.23)为双曲型方程,具有向下游的极性。由特征线法可知,沿特征线浓度保持常数：

$$P_1[x,y,(n+1)\Delta t] = P_1[x-u\Delta t,y-v\Delta t,n\Delta t] \tag{7.30}$$

方程(7.24)为抛物型方程,假设 D_x,D_y 沿程变化较小,近似视作常数,则有：

$$\frac{\partial P_2}{\partial t} = D_x\frac{\partial^2 P_2}{\partial x^2} + D_y\frac{\partial^2 P_2}{\partial y^2} \cdot \tag{7.31}$$

该式在初始条件(7.28)下的解为：

$$P_2(x,y,t) = \iint_\Omega \frac{P_2(\xi,\eta,0)}{4\sqrt{\pi D_x t}\sqrt{\pi D_y t}}\exp\left(-\frac{(x-\xi)^2}{4D_x t}-\frac{(y-\eta)^2}{4D_y t}\right)d\xi d\eta \tag{7.32}$$

方程(7.25),一般取 $f(P_3) = a+bP_3$,则(7.25)的准分析解为：

$$P_3 = P_2\exp(bt) + \frac{a}{b}[\exp(bt)-1] \tag{7.33}$$

7.1.4.6 模型的验证

上述模型的计算结果均应用水质监测结果加以验证,不确定度应小于30%。

7.2 海洋环境评价

海洋环境评价是一项多学科、综合性的技术工作,既涉及自然科学的基础理论,又涉及应用技术的开发。海洋环境评价包括海洋环境资源评价(功能评价)、海洋环境质量评价、海洋环境影响评价。

7.2.1 海洋环境资源评价

海洋环境资源评价也即海洋功能评价。为了提高海洋资源的社会、经济和环境的整体效益、促进海洋经济可持续发展、科学合理地安排各功能区域的资源开发与环境保护,我们有必要对海洋功能进行科学、客观的定量评价,以便为沿海各级政府合理开发利用海洋资源、发展海洋经济以及在海洋规划、海域管理、资源开发与保护等方面提供科学的决策依据。

在海洋功能区划、海洋有偿使用、海洋管理、海洋规划等工作中都不可避免地涉及海洋功能的科学、客观、定量的评价问题。

海洋功能是指某海域在自然状态下或目前状态下海洋所具有的本底功能,是海域适用于各种海洋开发和使用需求的、先天的条件和能力。也就是说海洋功能系指海洋不同区域的自然资源条件、环境状况和地理区位,并考虑海洋开发利用现状和社会经济发展需求等。

为科学合理地开发利用我国海洋地区的各种资源,促进海洋地区经济的持续发展,就必须对这一地区实行海洋综合管理。在全面调查海域自然环境、自然资源、开发现状及存在问题和综合分析区域经济发展需求的基础上,确定海域及其毗邻陆域海洋功能区,并对贯彻实施海洋功能区提出相关措施和建议。

为了建立科学、合理划定海洋功能区的评价目标体系,所遵循的原则是:①指标选取必须揭示海洋不同区域的固有属性。这一原则要求所制定的确定海洋功能区的标准(评价目标)体系是对海洋特定区域的自然条件、区位条件、环境状况、资源条件、社会条件和社会需求等这些固有属性的界定。通过判别特定区域满足所制定的何种指标或标准,选定特定区域具备的各种功能,保证所做工作的合理性和科学性。②评价目标选取必须兼顾地域性和可操作性。一般地说,评价目标体系中选定的标准即指标,是按照全国统一的原则建立的,但考虑到我国海岸线漫长,南北纬度跨度大,固有条件相差悬殊,很难对评价目标都做出统一的规定。为此,对有些评价目标应做有弹性的规定,以满足地方性的需求。在不失科学性、规范性、通用性的基础上,做这种有弹性的规定,强调照顾地方功能和满足地方需求,可以大大提高评价目标体系的可实施性和可操作性。③评价目标选取必须兼顾到海洋功能条件具有可创造性。特定区域固有属性条件是适合特定功能的基础条件,但不是绝对条件。在现代科学技术条件下,在有特殊需要的特定情况下,也可以创造条件使特定区域满足特定功能。④评价目标选取要定量定性相结合。在指标选取中,最佳的选取是选取定量指标,要完全做到这一点现实条件还做不到;其次是选取定量与定性相结合的指标,要全部做到也有困难;只有在不得已的情况下才选取定性指标。但是,随着科技的进步、条件的不断成熟,可以不断丰富定量指标。⑤与涉海部门标准相协调。在评价目标制定工作中,要求充分吸取各种相关部门的标准。评价目标体系见图7-1。

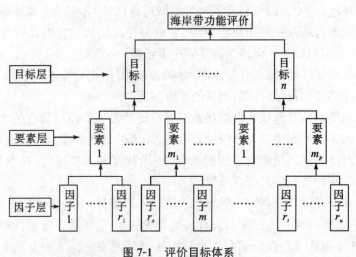

图 7-1 评价目标体系

为了科学合理地开发利用海洋资源,控制和引导海域使用方向,保护海洋环境,促进海洋资源和区域经济持续发展,为海洋综合保护提供服务,本研究广泛搜集国内外海洋功能评价理论和模型研究成果,从海洋使用的各种需求出发,全面遴选评价类别和各种评价要素,建立以海域属性、水文、气象、生物、化学、地质、经济、交通、资源、环境等为主要内容,以及临近海洋的人口、经济、文化、教育、科研、交通、腹地等为辅助内容的,以系统工程理论、多目标决策理论和统计理论为基础的,具有简单、科学、客观、定量特征的海洋功能评价数学模型。海洋功能评价的总体框架如图7-2所示。

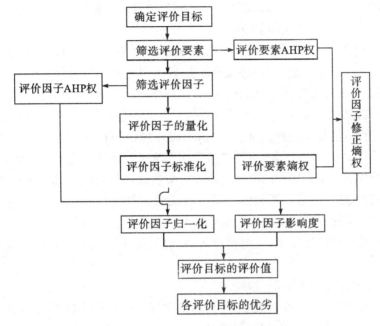

图 7-2 海洋功能评价的总体框架

7.2.2 海洋环境影响评价

海洋环境质量评价即是按照一定的评价标准和评价方法对一定区域范围内的海洋环境质量进行识别和评定。海洋环境影响评价也即海洋环境质量预测评价。一般来说,海洋环境影响评价所指的是包括海洋环境质量评价在内的海洋环境质量预测评价。海洋环境影响评价分为海洋区域环境影响评价和海洋工程环境影响评价。

7.2.2.1 海洋区域环境影响评价

这是对某一海域,特别是对邻近大的工业城市或海洋开发程度比较高的海域或海湾,一般在经过了一段时间的开发和利用后,为了摸清海域的环境质量状况而进行的评价。例如,渤海湾的环境质量评价,大连湾的环境质量评价等。

7.2.2.2 海洋工程环境影响评价

海洋工程是指工程主体或者工程主要作业活动位于海岸线向海一侧,或者需要借助、改变海洋环境条件实现工程功能,或其产生的环境影响主要作用于海洋环境的新建、改建、扩建工程。

《中华人民共和国海洋环境保护法》第四十七条规定:"海洋工程建设项目必须符合海洋功能区划、海洋环境保护规划和国家有关环境保护标准,在可行性研究阶段,编报海洋环境影响报告书,由海洋行政主管部门核准,并报环境保护行政主管部门备案,接受环境保护行政主管部门监督。"评价的目的是通过环境影响评价查清建设项目的环境背景,明确环境保护目标,同时通过评价对项目建设过程中和建成后可能对环境造成的影响进行系统的分析和评估,并向业主提出减少这些不利影响的环保措施和对策建议,明确开发建设者的环境责任及应采取的措施,以求将不利的环境影响减少到最低程度。同时,通过评价为环境保护者对建设项目实施有效保护提供科学依据,力争把项目建设所带来的不利影响降低到最低限度,以便使项目建成后,能达到最大的社会、环境、经济效益。

(1)评价标准 GB3097—1997。

采用国家质量标准和污染物排放标准作为环境质量评价标准,按照GB3097—1997、GB18421—2001、GB18668—2002、GB3552—1983、GB3838—2002、GB4914—1985、GB8978—1996、GB11607—1989 的要求执行;也可采用行业质量标准和地方质量标准作为环境质量评价标准。

采用的标准中的某项(某要素)质量指标不一致时,应以要求最严格的指标为准。

采用国际标准及其他相关标准时,应在海洋工程环境影响评价大纲中明确所采用的标准名称、类别和标准值,并经国家海洋行政主管部门审批。

(2)环境质量现状调查与评价。

应初步了解并阐明建设项目所在区域及周围海域的自然环境概况与特征,制定区域自然环境和社会环境现状调查实施方案,主要内容包括:

阐明区域环境质量概况,主要包括海洋水文动力环境概况,海洋地形地貌与冲淤概况,海域水质概况,海域沉积物质量概况和海洋生态环境概况等。

应阐明建设项目所在海域和区域的社会环境与社会经济活动现状,主要包括城市(或城镇)规模,行政区划及人口,现有工矿企业和生活居住区的分布状况,人口密度,交通运输状况及其他社会经济活动等内容。

应阐明建设项目周围海域海洋功能区划和海洋环境保护规划的主要内容，阐明海洋经济开发利用的内容、类型和程度，海域开发使用现状，现有海洋工程和设施的分布状况等。

应阐明海洋自然资源（主要包括渔业资源、油气资源、矿产资源、景观资源、湿地和滩涂资源、野生生物资源等）现状和开发利用现状。

应制定环境质量现状调查与评价实施方案。根据已分析确定的各单项评价的内容、范围和等级，结合环境特点和现状评价及影响预测的需要，尽量详细地制定包括调查范围、调查项目及调查方法、调查时期、调查地点、站位布设、调查次数等内容的现状调查实施方案，并明确调查所应执行的技术标准。

依据已界定的各单项评价内容的环境影响评价等级，明确资料收集的目的、内容、范围等要求。

应明确环境质量现状的评价范围、评价内容、评价标准和评价方法并提出具体要求。

应明确环境敏感区（例如渔业资源区、海水养殖区或珍稀濒危物种分布区等）的调查与评价内容，对已界定的环境敏感区、敏感目标和重点环境保护对象提出调查内容、范围和方法的具体要求，并界定评价标准、评价内容和评价范围。

（3）环境影响预测与评价。

各单项评价内容的预测的目的和要素，预测的范围、时段，参与预测的污染要素和非污染要素的特性，采用的主要预测方法和模式，边界条件、初始条件、计算域、计算参数等计算条件的选取及简化，有关参数的估值方法等，同时应明确预测精度。

应对建设项目施工阶段、生产阶段、废弃阶段等各阶段的影响要素、影响内容、影响范围、影响程度和影响结果等，提出具体预测要求。预测的准确度指标应满足主管部门管理和指导环境保护设计等要求。

应明确环境影响预测的评价内容、评价方法和标准，提出评价的具体要求。

有环境事故风险的建设项目，应进行环境事故风险分析与评价，制定环境事故风险分析与评价实施方案，明确以下内容：

提出环境事故风险分析内容和方法的要求，包括对建设项目各阶段环境事故发生概率的分析要求，对自身和非自身环境事故叠加的风险概率的分析要求，对发生各类环境事故时各种污染物排放规模与源强的分析要求，对污染物迁移扩散路径与范围的预测要求，对可能造成的各类环境影响和潜在影响的分析要求等。

明确环境事故影响预测的方法,包括预测范围、主要预测因素、污染物扩散浓度、面积等时空要素,应明确不确定性分析内容和方法。

明确环境事故处置分析要求,包括对应急设施和器材、配置地点、机动性能、通讯联络、应急组织、应急反应程序、各阶段拟采取的防范措施的可行性、有效性等的分析内容。

海洋环境评价目标框架图如图 7-3 所示;海洋环境预测评价框架图如图 7-4 所示。

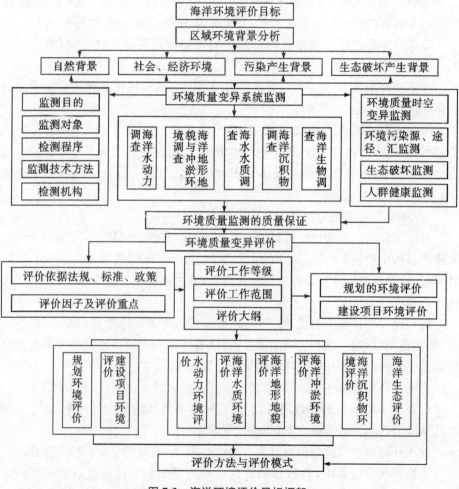

图 7-3　海洋环境评价目标框架

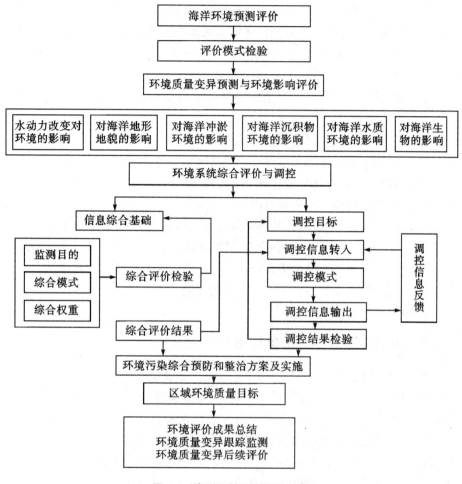

图 7-4　海洋环境预测评价框架

7.3　海洋环境监测

7.3.1　海洋环境监测的概念

海洋环境监测的涵盖面很广,它既包括传统的一些海洋观测,又包括近几十年来所进行的海洋环境污染监测或称海洋环境质量监测,我们这里所说的海洋环境监测主要指海洋环境质量监测。

环境监测是随着环境科学的形成和发展而出现的,并在环境分析的基础上逐步发展起来的。海洋环境监测是环境监测的分支和重要组成部分,但就其对象和目的而言,海洋环境监测与传统的海洋观测有着本质的不同。海洋环境监测的对象可分为三大类,即:①造成海洋环境污染和破坏的污染源所排放的各种污染物质或能量;②海洋环境要素的各种参数和变量;③由海洋环境污染和破坏所产生的影响。

对海洋观测来说,其对象仅为第二类中的海洋自然环境要素部分。就目的而言,海洋观测主要是了解和掌握海洋自然环境的变化规律,趋利避害,为海洋的开发利用服务。而海洋环境监测则以了解和掌握人类活动对海洋环境的影响为主,保护海洋环境是其主要目的。

根据其目的、对象和手段等,海洋环境监测可定义为:在设计好的时间和空间内,使用统一的、可比的采样和检测手段,获取海洋环境质量要素和陆源性入海物质资料,以阐明其时空分布、变化规律及其与海洋开发利用和保护关系之全过程。简单地说,就是用科学的方法检测代表海洋环境质量及其发展变化趋势的各种数据的全过程。

7.3.2 海洋环境监测的地位与作用

海洋环境监测是海洋环境保护的"耳目",是海洋环境保护的重要组成部分。海洋环境保护必须依靠海洋环境监测,具体表现在如下三个方面:第一,及时、准确的海洋环境质量信息是确定海洋环境保护目标、进行海洋环境决策的重要依据,这些信息的获取要依靠监测,否则很难实现科学的目标管理。第二,海洋环境保护制度的贯彻执行要依靠环境监测,否则制度和措施将流于形式。第三,评价海洋环境保护和陆源污染治理效果必须依靠海洋环境监测,否则很难提高科学管理的水平。由此可见,海洋环境监测是海洋环境保护的重要支柱。海洋环境监测的这些重要作用决定了其在海洋环境保护事业中的基础性地位。

7.3.3 海洋环境监测的目的和基本任务

海洋环境监测的目的是及时、准确、可靠、全面地反映海洋环境质量和污染物来源的现状和发展趋势,为海洋环境保护和管理、海洋资源开发利用提供科学依据。

海洋环境监测的基本任务如下:①对海洋环境中各项要素进行经常性监测,及时、准确、系统地掌握和评价海洋环境质量状况及发展趋势;②掌握海洋环境污染物的来源及其影响范围、危害和变化趋势;③积累海洋环境本底资料,为研究和掌握海洋环境容量,实施环境污染总量控制和目标管理提供依据;④为制订及执行海洋环境法规、标准及海洋环境规划、污染综合防治对策提供数据资料;⑤开展海洋环境监测技术服务,为经济建设、环境建设和海洋资源开发利用提供科学依据。

7.3.4 海洋环境监测的分类

海洋环境监测按其手段和方式可分为三类:①对海洋生态环境各种组分(水相、沉积物相、生物相)中污染水平进行测定的化学监测。②测定海洋环境中物理量及其状态的物理监测。③利用生物对环境变化的反应信息,如群落、种群变化、生长发育异常、致畸、致突变、致癌等作为判断海洋环境污染影响手段的生物监测。

按其实施周期长短和目的性质可分为四类:

①例行监测。例行监测是在基线调查的基础上,经优化选择若干代表性测站和项目,对确定海域实施定期或不定期的常规监测。它既包括应用常规手段对一般污染指标实施的例行常规监测,也包括为特殊目的而实施的例行专项监测。例行监测是确定区域、甚至全海域环境质量状况及其发展趋势的最重要的监测方式。这类监测一般通过完整的多级监测网来实施。其实施目的一是在确定海域内,按固定频率和测站,观察和测定已知污染物指标的量值及其污染效应等的空间分布和时间的变率;二是判断环境质量变化趋向,检查控制和管理措施的效果。该类监测是海洋环境监测中的主要工作内容。

②临时性监测。临时性监测是一种短周期监测工作,其特点为机动性强,与社会服务和环境保护有着更直接的关系。它适用于以下情况:(a)当出于经济或娱乐目的对特定海域提出特殊环境保护要求时,可通过临时性监测提供环境可利用性评估;(b)对即将有新的海洋开发活动或近岸工业活动的周边海域,通过此种短周期临时性监测,可掌握区域环境基线资料并提供环境预评价;(c)用于监测局部海域已经受纳的额外污染物增量或局部海域海洋资源受到的意外损害程度及其原因,这种增量或损害可能来自临时性经济活动的短期影响、新经济活动的初始影响或较大型污损事件带来的滞后影响(不同于应急监测),也可能源自目前尚不清楚的原因。

③应急监测。应急监测是指在突发性海洋污染损害事件发生后,立即对事发海区的污染物性质和强度、污染作用持续时间、侵害空间范围、资源损害程度等的连续的短周期观察和测定。应急监测的主要目的,一是及时、准确地掌握

和通报事件发生后的污染动态,为海洋污损事件的善后治理和恢复提供科学依据;二是为执法管理和经济索赔提供客观公正的污损评估报告。

④研究性监测。研究性监测又叫科研监测,属于高层次、高水平、技术比较复杂的具有探索性的一种监测工作。如确定污染物从污染源到受体的运动过程、鉴别新的污染物及其对海洋生物和其他物体的影响、为研制监测标准物、推广监测新技术等而进行的监测活动。

除上述分类外,还有按监测介质分类的水质监测、沉积物监测、生物(残毒)监测和界面大气监测;按监测功能和机制分类的控制性监测、趋势性监测和环境效应监测;按监测工作深度和广度划分的基线调查、沾污监测、生物效应监测和综合效应监测等等。

思考题:

1.控制或减少污染物排海可以从哪些方面入手?

2.海洋功能的内涵是什么?

3.海洋环境评价包含哪些内容?

4.海洋工程环境影响评价包含的主要内容有哪些?

5.试述海洋环境监测的对象和基本任务。

附录 1　中华人民共和国海洋环境保护法

（1982 年 8 月 23 日第五届全国人民代表大会常务委员会第二十四次会议通过，1999 年 12 月 25 日第九届全国人民代表大会常务委员会第十三次会议修订）

中华人民共和国主席令第二十六号

《中华人民共和国海洋环境保护法》已由中华人民共和国第九届全国人民代表大会常务委员会第十三次会议于 1999 年 12 月 25 日修订通过，现将修订后的《中华人民共和国海洋环境保护法》公布，自 2000 年 4 月 1 日起施行。

中华人民共和国主席　江泽民

1999 年 12 月 25 日

目 录

第一章　总　则

第一条　为了保护和改善海洋环境,保护海洋资源,防治污染损害,维护生态平衡,保障人体健康,促进经济和社会的可持续发展,制定本法。

第二条　本法适用于中华人民共和国内水、领海、毗连区、专属经济区、大陆架以及中华人民共和国管辖的其他海域。

在中华人民共和国管辖海域内从事航行、勘探、开发、生产、旅游、科学研究及其他活动,或者在沿海陆域内从事影响海洋环境活动的任何单位和个人,都必须遵守本法。

在中华人民共和国管辖海域以外,造成中华人民共和国管辖海域污染的,也适用本法。

第三条　国家建立并实施重点海域排污总量控制制度,确定主要污染物排海总量控制指标,并对主要污染源分配排放控制数量。具体办法由国务院制定。

第四条　一切单位和个人都有保护海洋环境的义务,并有权对污染损害海洋环境的单位和个人,以及海洋环境监督管理人员的违法失职行为进行监督和检举。

第五条　国务院环境保护行政主管部门作为对全国环境保护工作统一监督管理的部门,对全国海洋环境保护工作实施指导、协调和监督,并负责全国防治陆源污染物和海岸工程建设项目对海洋污染损害的环境保护工作。

国家海洋行政主管部门负责海洋环境的监督管理,组织海洋环境的调查、监测、监视、评价和科学研究,负责全国防治海洋工程建设项目和海洋倾倒废弃物对海洋污染损害的环境保护工作。

国家海事行政主管部门负责所辖港区水域内非军事船舶和港区水域外非渔业、非军事船舶污染海洋环境的监督管理,并负责污染事故的调查处理;对在中华人民共和国管辖海域航行、停泊和作业的外国籍船舶造成的污染事故登轮检查处理。船舶污染事故给渔业造成损害的,应当吸收渔业行政主管部门参与调查处理。

国家渔业行政主管部门负责渔港水域内非军事船舶和渔港水域外渔业船舶污染海洋环境的监督管理,负责保护渔业水域生态环境工作,并调查处理前款规定的污染事故以外的渔业污染事故。

军队环境保护部门负责军事船舶污染海洋环境的监督管理及污染事故的调查处理。

沿海县级以上地方人民政府行使海洋环境监督管理权的部门的职责,由省、自治区、直辖市人民政府根据本法及国务院有关规定确定。

第二章　海洋环境监督管理

第六条　国家海洋行政主管部门会同国务院有关部门和沿海省、自治区、直辖市人民政府拟定全国海洋功能区划,报国务院批准。

沿海地方各级人民政府应当根据全国和地方海洋功能区划,科学合理地使用海域。

第七条　国家根据海洋功能区划制定全国海洋环境保护规划和重点海域区域性海洋环境保护规划。

毗邻重点海域的有关沿海省、自治区、直辖市人民政府及行使海洋环境监督管理权的部门,可以建立海洋环境保护区域合作组织,负责实施重点海域区域性海洋环境保护规划、海洋环境污染的防治和海洋生态保护工作。

第八条　跨区域的海洋环境保护工作,由有关沿海地方人民政府协商解决,或者由上级人民政府协调解决。

跨部门的重大海洋环境保护工作,由国务院环境保护行政主管部门协调;协调未能解决的,由国务院作出决定。

第九条　国家根据海洋环境质量状况和国家经济、技术条件,制定国家海洋环境质量标准。

沿海省、自治区、直辖市人民政府对国家海洋环境质量标准中未作规定的项目,可以制定地方海洋环境质量标准。

沿海地方各级人民政府根据国家和地方海洋环境质量标准的规定和本行政区近岸海域环境质量状况,确定海洋环境保护的目标和任务,并纳入人民政府工作计划,按相应的海洋环境质量标准实施管理。

第十条　国家和地方水污染物排放标准的制定,应当将国家和地方海洋环境质量标准作为重要依据之一。在国家建立并实施排污总量控制制度的重点海域,水污染物排放标准的制定,还应当将主要污染物排海总量控制指标作为重要依据。

第十一条　直接向海洋排放污染物的单位和个人,必须按照国家规定缴纳排污费。

向海洋倾倒废弃物,必须按照国家规定缴纳倾倒费。

根据本法规定征收的排污费、倾倒费,必须用于海洋环境污染的整治,不得挪作他用。具体办法由国务院规定。

第十二条　对超过污染物排放标准的,或者在规定的期限内未完成污染物排放削减任务的,或者造成海洋环境严重污染损害的,应当限期治理。

限期治理按照国务院规定的权限决定。

第十三条　国家加强防治海洋环境污染损害的科学技术的研究和开发,对严重污染海洋环境的落后生产工艺和落后设备,实行淘汰制度。

企业应当优先使用清洁能源,采用资源利用率高、污染物排放量少的清洁生产工艺,防止对海洋环境的污染。

第十四条　国家海洋行政主管部门按照国家环境监测、监视规范和标准,管理全国海洋环境的调查、监测、监视,制定具体的实施办法,会同有关部门组织全国海洋环境监测、监视网络,定期评价海洋环境质量,发布海洋巡航监视通报。

依照本法规定行使海洋环境监督管理权的部门分别负责各自所辖水域的监测、监视。

其他有关部门根据全国海洋环境监测网的分工,分别负责对入海河口、主要排污口的监测。

第十五条　国务院有关部门应当向国务院环境保护行政主管部门提供编制全国环境质量公报所必需的海洋环境监测资料。

环境保护行政主管部门应当向有关部门提供与海洋环境监督管理有关的资料。

第十六条　国家海洋行政主管部门按照国家制定的环境监测、监视信息管理制度,负责管理海洋综合信息系统,为海洋环境保护监督管理提供服务。

第十七条　因发生事故或者其他突发性事件,造成或者可能造成海洋环境污染事故的单位和个人,必须立即采取有效措施,及时向可能受到危害者通报,并向依照本法规定行使海洋环境监督管理权的部门报告,接受调查处理。

沿海县级以上地方人民政府在本行政区域近岸海域的环境受到严重污染时,必须采取有效措施,解除或者减轻危害。

第十八条　国家根据防止海洋环境污染的需要,制定国家重大海上污染事故应急计划。

国家海洋行政主管部门负责制定全国海洋石油勘探开发重大海上溢油应急计划,报国务院环境保护行政主管部门备案。

国家海事行政主管部门负责制定全国船舶重大海上溢油污染事故应急计划,报国务院环境保护行政主管部门备案。

沿海可能发生重大海洋环境污染事故的单位,应当依照国家的规定,制定污染事故应急计划,并向当地环境保护行政主管部门、海洋行政主管部门备案。

沿海县级以上地方人民政府及其有关部门在发生重大海上污染事故时,必须按照应急计划解除或者减轻危害。

第十九条 依照本法规定行使海洋环境监督管理权的部门可以在海上实行联合执法,在巡航监视中发现海上污染事故或者违反本法规定的行为时,应当予以制止并调查取证,必要时有权采取有效措施,防止污染事态的扩大,并报告有关主管部门处理。

依照本法规定行使海洋环境监督管理权的部门,有权对管辖范围内排放污染物的单位和个人进行现场检查。被检查者应当如实反映情况,提供必要的资料。

检查机关应当为被检查者保守技术秘密和业务秘密。

第三章　海洋生态保护

第二十条 国务院和沿海地方各级人民政府应当采取有效措施,保护红树林、珊瑚礁、滨海湿地、海岛、海湾、入海河口、重要渔业水域等具有典型性、代表性的海洋生态系统,珍稀、濒危海洋生物的天然集中分布区,具有重要经济价值的海洋生物生存区域及有重大科学文化价值的海洋自然历史遗迹和自然景观。

对具有重要经济、社会价值的已遭到破坏的海洋生态,应当进行整治和恢复。

第二十一条 国务院有关部门和沿海省级人民政府应当根据保护海洋生态的需要,选划、建立海洋自然保护区。

国家级海洋自然保护区的建立,须经国务院批准。

第二十二条 凡具有下列条件之一的,应当建立海洋自然保护区:

(一)典型的海洋自然地理区域、有代表性的自然生态区域,以及遭受破坏但经保护能恢复的海洋自然生态区域;

(二)海洋生物物种高度丰富的区域,或者珍稀、濒危海洋生物物种的天然集中分布区域;

(三)具有特殊保护价值的海域、海岸、岛屿、滨海湿地、入海河口和海湾等;

(四)具有重大科学文化价值的海洋自然遗迹所在区域;

(五)其他需要予以特殊保护的区域。

第二十三条 凡具有特殊地理条件、生态系统、生物与非生物资源及海洋开发利用特殊需要的区域,可以建立海洋特别保护区,采取有效的保护措施和科学的开发方式进行特殊管理。

第二十四条　开发利用海洋资源,应当根据海洋功能区划合理布局,不得造成海洋生态环境破坏。

第二十五条　引进海洋动植物物种,应当进行科学论证,避免对海洋生态系统造成危害。

第二十六条　开发海岛及周围海域的资源,应当采取严格的生态保护措施,不得造成海岛地形、岸滩、植被以及海岛周围海域生态环境的破坏。

第二十七条　沿海地方各级人民政府应当结合当地自然环境的特点,建设海岸防护设施、沿海防护林、沿海城镇园林和绿地,对海岸侵蚀和海水入侵地区进行综合治理。

禁止毁坏海岸防护设施、沿海防护林、沿海城镇园林和绿地。

第二十八条　国家鼓励发展生态渔业建设,推广多种生态渔业生产方式,改善海洋生态状况。

新建、改建、扩建海水养殖场,应当进行环境影响评价。

海水养殖应当科学确定养殖密度,并应当合理投饵、施肥,正确使用药物,防止造成海洋环境的污染。

第四章　防治陆源污染物对海洋环境的污染损害

第二十九条　向海域排放陆源污染物,必须严格执行国家或者地方规定的标准和有关规定。

第三十条　入海排污口位置的选择,应当根据海洋功能区划、海水动力条件和有关规定,经科学论证后,报设区的市级以上人民政府环境保护行政主管部门审查批准。

环境保护行政主管部门在批准设置入海排污口之前,必须征求海洋、海事、渔业行政主管部门和军队环境保护部门的意见。

在海洋自然保护区、重要渔业水域、海滨风景名胜区和其他需要特别保护的区域,不得新建排污口。

在有条件的地区,应当将排污口深海设置,实行离岸排放。设置陆源污染物深海离岸排放排污口,应当根据海洋功能区划、海水动力条件和海底工程设施的有关情况确定,具体办法由国务院规定。

第三十一条　省、自治区、直辖市人民政府环境保护行政主管部门和水行政主管部门应当按照水污染防治有关法律的规定,加强入海河流管理,防治污染,使入海河口的水质处于良好状态。

第三十二条　排放陆源污染物的单位,必须向环境保护行政主管部门申报拥有的陆源污染物排放设施、处理设施和在正常作业条件下排放陆源污染物的种类、数量和浓度，并提供防治海洋环境污染方面的有关技术和资料。

排放陆源污染物的种类、数量和浓度有重大改变的，必须及时申报。

拆除或者闲置陆源污染物处理设施的，必须事先征得环境保护行政主管部门的同意。

第三十三条　禁止向海域排放油类、酸液、碱液、剧毒废液和高、中水平放射性废水。

严格限制向海域排放低水平放射性废水；确需排放的，必须严格执行国家辐射防护规定。

严格控制向海域排放含有不易降解的有机物和重金属的废水。

第三十四条　含病原体的医疗污水、生活污水和工业废水必须经过处理，符合国家有关排放标准后，方能排入海域。

第三十五条　含有机物和营养物质的工业废水、生活污水，应当严格控制向海湾、半封闭海及其他自净能力较差的海域排放。

第三十六条　向海域排放含热废水，必须采取有效措施，保证邻近渔业水域的水温符合国家海洋环境质量标准，避免热污染对水产资源的危害。

第三十七条　沿海农田、林场施用化学农药，必须执行国家农药安全使用的规定和标准。

沿海农田、林场应当合理使用化肥和植物生长调节剂。

第三十八条　在岸滩弃置、堆放和处理尾矿、矿渣、煤灰渣、垃圾和其他固体废物的，依照《中华人民共和国固体废物污染环境防治法》的有关规定执行。

第三十九条　禁止经中华人民共和国内水、领海转移危险废物。

经中华人民共和国管辖的其他海域转移危险废物的，必须事先取得国务院环境保护行政主管部门的书面同意。

第四十条　沿海城市人民政府应当建设和完善城市排水管网，有计划地建设城市污水处理厂或者其他污水集中处理设施，加强城市污水的综合整治。

建设污水海洋处置工程，必须符合国家有关规定。

第四十一条　国家采取必要措施，防止、减少和控制来自大气层或者通过大气层造成的海洋环境污染损害。

第五章　防治海岸工程建设项目对海洋环境的污染损害

第四十二条　新建、改建、扩建海岸工程建设项目，必须遵守国家有关建设项目环境保护管理的规定，并把防治污染所需资金纳入建设项目投资计划。

在依法划定的海洋自然保护区、海滨风景名胜区、重要渔业水域及其他需要特别保护的区域,不得从事污染环境、破坏景观的海岸工程项目建设或者其他活动。

第四十三条 海岸工程建设项目的单位,必须在建设项目可行性研究阶段,对海洋环境进行科学调查,根据自然条件和社会条件,合理选址,编报环境影响报告书。环境影响报告书经海洋行政主管部门提出审核意见后,报环境保护行政主管部门审查批准。

环境保护行政主管部门在批准环境影响报告书之前,必须征求海事、渔业行政主管部门和军队环境保护部门的意见。

第四十四条 海岸工程建设项目的环境保护设施,必须与主体工程同时设计、同时施工、同时投产使用。环境保护设施未经环境保护行政主管部门检查批准,建设项目不得试运行;环境保护设施未经环境保护行政主管部门验收,或者经验收不合格的,建设项目不得投入生产或者使用。

第四十五条 禁止在沿海陆域内新建不具备有效治理措施的化学制浆造纸、化工、印染、制革、电镀、酿造、炼油、岸边冲滩拆船以及其他严重污染海洋环境的工业生产项目。

第四十六条 兴建海岸工程建设项目,必须采取有效措施,保护国家和地方重点保护的野生动植物及其生存环境和海洋水产资源。

严格限制在海岸采挖砂石。露天开采海滨砂矿和从岸上打井开采海底矿产资源,必须采取有效措施,防止污染海洋环境。

第六章 防治海洋工程建设项目对海洋环境的污染损害

第四十七条 海洋工程建设项目必须符合海洋功能区划、海洋环境保护规划和国家有关环境保护标准,在可行性研究阶段,编报海洋环境影响报告书,由海洋行政主管部门核准,并报环境保护行政主管部门备案,接受环境保护行政主管部门监督。

海洋行政主管部门在核准海洋环境影响报告书之前,必须征求海事、渔业行政主管部门和军队环境保护部门的意见。

第四十八条 海洋工程建设项目的环境保护设施,必须与主体工程同时设计、同时施工、同时投产使用。环境保护设施未经海洋行政主管部门检查批准,建设项目不得试运行;环境保护设施未经海洋行政主管部门验收,或者经验收不合格的,建设项目不得投入生产或者使用。

拆除或者闲置环境保护设施,必须事先征得海洋行政主管部门的同意。

第四十九条　海洋工程建设项目,不得使用含超标准放射性物质或者易溶出有毒有害物质的材料。

第五十条　海洋工程建设项目需要爆破作业时,必须采取有效措施,保护海洋资源。

海洋石油勘探开发及输油过程中,必须采取有效措施,避免溢油事故的发生。

第五十一条　海洋石油钻井船、钻井平台和采油平台的含油污水和油性混合物,必须经过处理达标后排放;残油、废油必须予以回收,不得排放入海。经回收处理后排放的,其含油量不得超过国家规定的标准。

钻井所使用的油基泥浆和其他有毒复合泥浆不得排放入海。水基泥浆和无毒复合泥浆及钻屑的排放,必须符合国家有关规定。

第五十二条　海洋石油钻井船、钻井平台和采油平台及其有关海上设施,不得向海域处置含油的工业垃圾。处置其他工业垃圾,不得造成海洋环境污染。

第五十三条　海上试油时,应当确保油气充分燃烧,油和油性混合物不得排放入海。

第五十四条　勘探开发海洋石油,必须按有关规定编制溢油应急计划,报国家海洋行政主管部门审查批准。

第七章　防治倾倒废弃物对海洋环境的污染损害

第五十五条　任何单位未经国家海洋行政主管部门批准,不得向中华人民共和国管辖海域倾倒任何废弃物。

需要倾倒废弃物的单位,必须向国家海洋行政主管部门提出书面申请,经国家海洋行政主管部门审查批准,发给许可证后,方可倾倒。

禁止中华人民共和国境外的废弃物在中华人民共和国管辖海域倾倒。

第五十六条　国家海洋行政主管部门根据废弃物的毒性、有毒物质含量和对海洋环境影响程度,制定海洋倾倒废弃物评价程序和标准。

向海洋倾倒废弃物,应当按照废弃物的类别和数量实行分级管理。

可以向海洋倾倒的废弃物名录,由国家海洋行政主管部门拟定,经国务院环境保护行政主管部门提出审核意见后,报国务院批准。

第五十七条　国家海洋行政主管部门按照科学、合理、经济、安全的原则选划海洋倾倒区,经国务院环境保护行政主管部门提出审核意见后,报国务院批准。

临时性海洋倾倒区由国家海洋行政主管部门批准,并报国务院环境保护行政主管部门备案。

国家海洋行政主管部门在选划海洋倾倒区和批准临时性海洋倾倒区之前,必须征求国家海事、渔业行政主管部门的意见。

第五十八条 国家海洋行政主管部门监督管理倾倒区的使用,组织倾倒区的环境监测。对经确认不宜继续使用的倾倒区,国家海洋行政主管部门应当予以封闭,终止在该倾倒区的一切倾倒活动,并报国务院备案。

第五十九条 获准倾倒废弃物的单位,必须按照许可证注明的期限及条件,到指定的区域进行倾倒。废弃物装载之后,批准部门应当予以核实。

第六十条 获准倾倒废弃物的单位,应当详细记录倾倒的情况,并在倾倒后向批准部门作出书面报告。倾倒废弃物的船舶必须向驶出港的海事行政主管部门作出书面报告。

第六十一条 禁止在海上焚烧废弃物。

禁止在海上处置放射性废弃物或者其他放射性物质。废弃物中的放射性物质的豁免浓度由国务院制定。

第八章 防治船舶及有关作业活动对海洋环境的污染损害

第六十二条 在中华人民共和国管辖海域,任何船舶及相关作业不得违反本法规定向海洋排放污染物、废弃物和压载水、船舶垃圾及其他有害物质。

从事船舶污染物、废弃物、船舶垃圾接收、船舶清舱、洗舱作业活动的,必须具备相应的接收处理能力。

第六十三条 船舶必须按照有关规定持有防止海洋环境污染的证书与文书,在进行涉及污染物排放及操作时,应当如实记录。

第六十四条 船舶必须配置相应的防污设备和器材。

载运具有污染危害性货物的船舶,其结构与设备应当能够防止或者减轻所载货物对海洋环境的污染。

第六十五条 船舶应当遵守海上交通安全法律、法规的规定,防止因碰撞、触礁、搁浅、火灾或者爆炸等引起的海难事故,造成海洋环境的污染。

第六十六条 国家完善并实施船舶油污损害民事赔偿责任制度;按照船舶油污损害赔偿责任由船东和货主共同承担风险的原则,建立船舶油污保险、油污损害赔偿基金制度。

实施船舶油污保险、油污损害赔偿基金制度的具体办法由国务院规定。

第六十七条 载运具有污染危害性货物进出港口的船舶,其承运人、货物所有人或者代理人,必须事先向海事行政主管部门申报。经批准后,方可进出港口、过境停留或者装卸作业。

第六十八条 交付船舶装运污染危害性货物的单证、包装、标志、数量限制等,必须符合对所装货物的有关规定。

需要船舶装运污染危害性不明的货物,应当按照有关规定事先进行评估。

装卸油类及有毒有害货物的作业,船岸双方必须遵守安全防污操作规程。

第六十九条 港口、码头、装卸站和船舶修造厂必须按照有关规定备有足够的用于处理船舶污染物、废弃物的接收设施,并使该设施处于良好状态。

装卸油类的港口、码头、装卸站和船舶必须编制溢油污染应急计划,并配备相应的溢油污染应急设备和器材。

第七十条 进行下列活动,应当事先按照有关规定报经有关部门批准或者核准:

(一)船舶在港区水域内使用焚烧炉;

(二)船舶在港区水域内进行洗舱、清舱、驱气、排放压载水、残油、含油污水接收、舷外拷铲及油漆等作业;

(三)船舶、码头、设施使用化学消油剂;

(四)船舶冲洗沾有污染物、有毒有害物质的甲板;

(五)船舶进行散装液体污染危害性货物的过驳作业;

(六)从事船舶水上拆解、打捞、修造和其他水上、水下船舶施工作业。

第七十一条 船舶发生海难事故,造成或者可能造成海洋环境重大污染损害的,国家海事行政主管部门有权强制采取避免或者减少污染损害的措施。

对在公海上因发生海难事故,造成中华人民共和国管辖海域重大污染损害后果或者具有污染威胁的船舶、海上设施,国家海事行政主管部门有权采取与实际的或者可能发生的损害相称的必要措施。

第七十二条 所有船舶均有监视海上污染的义务,在发现海上污染事故或者违反本法规定的行为时,必须立即向就近的依照本法规定行使海洋环境监督管理权的部门报告。

民用航空器发现海上排污或者污染事件,必须及时向就近的民用航空空中交通管制单位报告。接到报告的单位,应当立即向依照本法规定行使海洋环境监督管理权的部门通报。

第九章 法律责任

第七十三条 违反本法有关规定,有下列行为之一的,由依照本法规定行

使海洋环境监督管理权的部门责令限期改正,并处以罚款:

(一)向海域排放本法禁止排放的污染物或者其他物质的;

(二)不按照本法规定向海洋排放污染物,或者超过标准排放污染物的;

(三)未取得海洋倾倒许可证,向海洋倾倒废弃物的;

(四)因发生事故或者其他突发性事件,造成海洋环境污染事故,不立即采取处理措施的。

有前款第(一)、(三)项行为之一的,处三万元以上二十万元以下的罚款;有前款第(二)、(四)项行为之一的,处二万元以上十万元以下的罚款。

第七十四条　违反本法有关规定,有下列行为之一的,由依照本法规定行使海洋环境监督管理权的部门予以警告,或者处以罚款:

(一)不按照规定申报,甚至拒报污染物排放有关事项,或者在申报时弄虚作假的;

(二)发生事故或者其他突发性事件不按照规定报告的;

(三)不按照规定记录倾倒情况,或者不按照规定提交倾倒报告的;

(四)拒报或者谎报船舶载运污染危害性货物申报事项的。

有前款第(一)、(三)项行为之一的,处二万元以下的罚款;有前款第(二)、(四)项行为之一的,处五万元以下的罚款。

第七十五条　违反本法第十九条第二款的规定,拒绝现场检查,或者在被检查时弄虚作假的,由依照本法规定行使海洋环境监督管理权的部门予以警告,并处二万元以下的罚款。

第七十六条　违反本法规定,造成珊瑚礁、红树林等海洋生态系统及海洋水产资源、海洋保护区破坏的,由依照本法规定行使海洋环境监督管理权的部门责令限期改正和采取补救措施,并处一万元以上十万元以下的罚款;有违法所得的,没收其违法所得。

第七十七条　违反本法第三十条第一款、第三款规定设置入海排污口的,由县级以上地方人民政府环境保护行政主管部门责令其关闭,并处二万元以上十万元以下的罚款。

第七十八条　违反本法第三十二条第三款的规定,擅自拆除、闲置环境保护设施的,由县级以上地方人民政府环境保护行政主管部门责令重新安装使用,并处一万元以上十万元以下的罚款。

第七十九条　违反本法第三十九条第二款的规定,经中华人民共和国管辖海域,转移危险废物的,由国家海事行政主管部门责令非法运输该危险废物的船舶退出中华人民共和国管辖海域,并处五万元以上五十万元以下的罚款。

第八十条 违反本法第四十三条第一款的规定,未持有经审核和批准的环境影响报告书,兴建海岸工程建设项目的,由县级以上地方人民政府环境保护行政主管部门责令其停止违法行为和采取补救措施,并处五万元以上二十万元以下的罚款;或者按照管理权限,由县级以上地方人民政府责令其限期拆除。

第八十一条 违反本法第四十四条的规定,海岸工程建设项目未建成环境保护设施,或者环境保护设施未达到规定要求即投入生产、使用的,由环境保护行政主管部门责令其停止生产或者使用,并处二万元以上十万元以下的罚款。

第八十二条 违反本法第四十五条的规定,新建严重污染海洋环境的工业生产建设项目的,按照管理权限,由县级以上人民政府责令关闭。

第八十三条 违反本法第四十七条第一款、第四十八条的规定,进行海洋工程建设项目,或者海洋工程建设项目未建成环境保护设施、环境保护设施未达到规定要求即投入生产、使用的,由海洋行政主管部门责令其停止施工或者生产、使用,并处五万元以上二十万元以下的罚款。

第八十四条 违反本法第四十九条的规定,使用含超标准放射性物质或者易溶出有毒有害物质材料的,由海洋行政主管部门处五万元以下的罚款,并责令其停止该建设项目的运行,直到消除污染危害。

第八十五条 违反本法规定进行海洋石油勘探开发活动,造成海洋环境污染的,由国家海洋行政主管部门予以警告,并处二万元以上二十万元以下的罚款。

第八十六条 违反本法规定,不按照许可证的规定倾倒,或者向已经封闭的倾倒区倾倒废弃物的,由海洋行政主管部门予以警告,并处三万元以上二十万元以下的罚款;对情节严重的,可以暂扣或者吊销许可证。

第八十七条 违反本法第五十五条第三款的规定,将中华人民共和国境外废弃物运进中华人民共和国管辖海域倾倒的,由国家海洋行政主管部门予以警告,并根据造成或者可能造成的危害后果,处十万元以上一百万元以下的罚款。

第八十八条 违反本法规定,有下列行为之一的,由依照本法规定行使海洋环境监督管理权的部门予以警告,或者处以罚款:

(一)港口、码头、装卸站及船舶未配备防污设施、器材的;

(二)船舶未持有防污证书、防污文书,或者不按照规定记载排污记录的;

(三)从事水上和港区水域拆船、旧船改装、打捞和其他水上、水下施工作业,造成海洋环境污染损害的;

(四)船舶载运的货物不具备防污适运条件的。

有前款第(一)、(四)项行为之一的,处二万元以上十万元以下的罚款;有前款第(二)项行为的,处二万元以下的罚款;有前款第(三)项行为的,处五万元以上二十万元以下的罚款。

第八十九条　违反本法规定,船舶、石油平台和装卸油类的港口、码头、装卸站不编制溢油应急计划的,由依照本法规定行使海洋环境监督管理权的部门予以警告,或者责令限期改正。

第九十条　造成海洋环境污染损害的责任者,应当排除危害,并赔偿损失;完全由于第三者的故意或者过失,造成海洋环境污染损害的,由第三者排除危害,并承担赔偿责任。

对破坏海洋生态、海洋水产资源、海洋保护区,给国家造成重大损失的,由依照本法规定行使海洋环境监督管理权的部门代表国家对责任者提出损害赔偿要求。

第九十一条　对违反本法规定,造成海洋环境污染事故的单位,由依照本法规定行使海洋环境监督管理权的部门根据所造成的危害和损失处以罚款;负有直接责任的主管人员和其他直接责任人员属于国家工作人员的,依法给予行政处分。

前款规定的罚款数额按照直接损失的百分之三十计算,但最高不得超过三十万元。

对造成重大海洋环境污染事故,致使公私财产遭受重大损失或者人身伤亡严重后果的,依法追究刑事责任。

第九十二条　完全属于下列情形之一,经过及时采取合理措施,仍然不能避免对海洋环境造成污染损害的,造成污染损害的有关责任者免予承担责任:

(一)战争;

(二)不可抗拒的自然灾害;

(三)负责灯塔或者其他助航设备的主管部门,在执行职责时的疏忽,或者其他过失行为。

第九十三条　对违反本法第十一条、第十二条有关缴纳排污费、倾倒费和限期治理规定的行政处罚,由国务院规定。

第九十四条　海洋环境监督管理人员滥用职权、玩忽职守、徇私舞弊,造成海洋环境污染损害的,依法给予行政处分;构成犯罪的,依法追究刑事责任。

第十章　附　则

第九十五条　本法中下列用语的含义是:

(一)海洋环境污染损害,是指直接或者间接地把物质或者能量引入海洋环境,产生损害海洋生物资源、危害人体健康、妨害渔业和海上其他合法活动、损害海水使用素质和减损环境质量等有害影响。

(二)内水,是指我国领海基线向内陆一侧的所有海域。

(三)滨海湿地,是指低潮时水深浅于六米的水域及其沿岸浸湿地带,包括水深不超过六米的永久性水域、潮间带(或洪泛地带)和沿海低地等。

(四)海洋功能区划,是指依据海洋自然属性和社会属性,以及自然资源和环境特定条件,界定海洋利用的主导功能和使用范畴。

(五)渔业水域,是指鱼虾类的产卵场、索饵场、越冬场、洄游通道和鱼虾贝藻类的养殖场。

(六)油类,是指任何类型的油及其炼制品。

(七)油性混合物,是指任何含有油份的混合物。

(八)排放,是指把污染物排入海洋的行为,包括泵出、溢出、泄出、喷出和倒出。

(九)陆地污染源(简称陆源),是指从陆地向海域排放污染物,造成或者可能造成海洋环境污染的场所、设施等。

(十)陆源污染物,是指由陆地污染源排放的污染物。

(十一)倾倒,是指通过船舶、航空器、平台或者其他载运工具,向海洋处置废弃物和其他有害物质的行为,包括弃置船舶、航空器、平台及其辅助设施和其他浮动工具的行为。

(十二)沿海陆域,是指与海岸相连,或者通过管道、沟渠、设施,直接或者间接向海洋排放污染物及其相关活动的一带区域。

(十三)海上焚烧,是指以热摧毁为目的,在海上焚烧设施上,故意焚烧废弃物或者其他物质的行为,但船舶、平台或者其他人工构造物正常操作中,所附带发生的行为除外。

第九十六条 涉及海洋环境监督管理的有关部门的具体职权划分,本法未作规定的,由国务院规定。

第九十七条 中华人民共和国缔结或者参加的与海洋环境保护有关的国际条约与本法有不同规定的,适用国际条约的规定;但是,中华人民共和国声明保留的条款除外。

第九十八条 本法自2000年4月1日起施行。

附录2 《联合国海洋法公约》有关海洋环境保护的章节

第十二部分 海洋环境的保护和保全

第一节 一般规定

第一九二条 一般义务

各国有保护和保全海洋环境的义务。

第一九三条 各国开发其自然资源的主权权利

各国有依据其环境政策和按照其保护和保全海洋环境的职责开发其自然资源的主权权利。

第一九四条 防止、减少和控制海洋环境污染的措施

1.各国应适当情形下个别或联合地采取一切符合本公约的必要措施,防止、减少和控制任何来源的海洋环境污染,为此目的,按照其能力使用其所掌握的最切实可行方法,并应在这方面尽力协调它们的政策。

2.各国应采取一切必要措施,确保在其管辖或控制下的活动的进行不致使其他国家及其环境遭受污染的损害,并确保在其管辖或控制范围内的事件或活动所造成的污染不致扩大到其按照本公约行使主权权利的区域之外。

3.依据本部分采取的措施,应针对海洋环境的一切污染来源。这些措施,除其他外,应包括旨在在最大可能范围内尽量减少下列污染的措施:

(a)从陆上来源、从大气层或通过大气层或由于倾倒而放出的有毒、有害或有碍健康的物质,特别是持久不变的物质;

(b)来自船只的污染,特别是为了防止意外事件和处理紧急情况,保证海上操作安全,防止故意和无意的排放,以及规定船只的设计、建造、装备、操作和人员配备的措施;

(c)来自在用于勘探或开发海床和底土的自然资源的设施和装置的污染,特别是为了防止意外事件和处理紧急情况,保证海上操作安全,以及规定这些设施或装置的设计、建造、装备、操作和人员配备的措施；

(d)来自在海洋环境内操作的其他设施和装置的污染,特别是为了防止意外事件和处理紧急情况,保证海上操作安全,以及规定这些设施或装置的设计、建造、装备、操作和人员配备的措施。

4.各国采取措施防止、减少或控制海洋环境的污染时,不应对其他国家依照本公约行使其权利并履行其义务所进行的活动有不当的干扰。

5.按照本部分采取的措施,应包括为保护和保全稀有或脆弱的生态系统,以及衰竭、受威胁或有灭绝危险的物种和其他形式的海洋生物的生存环境,而有必要的措施。

第一九五条 不将损害或危险转移或将一种污染转变成另一种污染的义务

各国在采取措施防止、减少和控制海洋环境的污染时采取的行动不应直接或间接将损害或危险从一个区域转移到另一个区域,或将一种污染转变成另一种污染。

第一九六条 技术的使用或外来的或新的物种的引进

1.各国应采取一切必要措施以防止、减少和控制由于在其管辖或控制下使用技术而造成的海洋环境污染,或由于故意或偶然在海洋环境某一特定部分引进外来的或新物种致使海洋环境可能发生重大和有害的变化。

2.本条不影响本公约对防止、减少和控制海洋环境污染的适用。

第二节　全球性和区域性合作

第一九七条 在全球性或区域性基础上的合作

各国在为保护和保全海洋环境而拟订和制订符合本公约的国际规则、标准和建议的办法及程序时,应在全球性的基础上或在区域性的基础上,直接或通过主管国际组织进行合作,同时考虑到区域的特点。

第一九八条 即将发生的损害或实际损害的通知

当一国获知海洋环境有即将遭受污染损害的迫切危险或已经遭受污染损害的情况时,应立即通知其认为可能受这种损害影响的其他国家以及各主管国际组织。

第一九九条 对污染的应急计划

第一九八条所指的情形下,受影响区域的各国,应按照其能力,与各主管国际组织尽可能进行合作,以消除污染的影响并防止或尽量减少损害。为此目的,各国应共同发展和促进各种应急计划,以应付海洋环境的污染事故。

第二○○条 研究、研究方案及情报和资料的交换

各国应直接或通过主管国际组织进行合作,以促进研究、实施科学研究方案、并鼓励交换所取得的关于海洋环境污染的情报和资料。各国应尽力积极参加区域性和全球性方案,以取得有关鉴定污染的性质和范围、面临污染的情况以及其通过的途径、危险和补救办法的知识。

第二○一条 规章的科学标准

各国应参照依据第二○○条取得的情报和资料,直接或通过主管国际组织进行合作,订立适当的科学准则,以便拟订和制订防止、减少和控制海洋环境污染的规则、标准和建议的办法及程序。

第三节 技术援助

第二○二条 对发展中国家的科学和技术援助

各国应直接或通过主管国际组织:

(a)促进对发展中国家的科学、教育、技术和其他方面援助的方案,以保护和保全海洋环境,并防止、减少和控制海洋污染。这种援助,除其他外,应包括:

(1)训练其科学和技术人员;

(2)便利其参加有关的国际方案;

(3)向其提供必要的装备和便利;

(4)提高其制造这种装备的能力;

(5)就研究、监测、教育和其他方案提供意见并发展设施。

(b)提供适当的援助,特别是对发展中国家,以尽量减少可能对海洋环境造成严重污染的重大事故的影响。

(c)提供关于编制环境评价的适当援助,特别是对发展中国家。

第二○三条 对发展中国家的优惠待遇

为了防止、减少和控制海洋环境污染或尽量减少其影响的目的,发展中国家应在下列事项上获得各国际组织的优惠待遇:

(a)有关款项和技术援助的分配;和

(b)对各该组织专门服务的利用。

第四节 监测和环境评价

第二○四条 对污染危险或影响的监测

1.各国应在符合其他国家权利的情形下,在实际可行范围内,尽力直接或通过各主管国际组织,用公认的科学方法观察、测算、估计和分析海洋环境污染

169

的危险或影响。

2.各国特别应不断监视其所准许或从事的任何活动的影响,以便确定这些活动是否可能污染海洋环境。

第二〇五条　报告的发表

各国应发表依据第二〇四条所取得的结果的报告,或每隔相当期间向主管国际组织提出这种报告,各该组织应将上述报告提供所有国家。

第二〇六条　对各种活动的可能影响的评价

各国如有合理根据认为在其管辖或控制下的计划中的活动可能对海洋环境造成重大污染或重大和有害的变化,应在实际可行范围内就这种活动对海洋环境的可能影响作出评价,并应依照第二〇五条规定的方式提送这些评价结果的报告。

第五节　防止、减少和控制海洋环境污染的国际规则和国内立法

第二〇七条　陆地来源的污染

1.各国应制定法律和规章,以防止、减少和控制陆地来源,包括河流、河口湾、管道和排水口结构对海洋环境的污染,同时考虑到国际上议定的规则、标准和建议的办法及程序。

2.各国应采取其他可能必要的措施,以防止、减少和控制这种污染。

3.各国应尽力在适当的区域一级协调其在这方面的政策。

4.各国特别应通过主管国际组织或外交会议采取行动,尽力制订全球性和区域性规则、标准和建议的办法及程序,以防止、减少和控制这种污染,同时考虑到区域的特点,发展中国家的经济能力及其经济发展的需要。这种规则、标准和建议的办法及程序应根据需要随时重新审查。

5.第1、第2和第4款提及的法律、规章、措施、规则、标准和建议的办法及程序,应包括旨在在最大可能范围内尽量减少有毒、有害或有碍健康的物质,特别是持久不变的物质,排放到海洋环境的各种规定。

第二〇八条　国家管辖的海底活动造成的污染

1.沿海国应制定法律和规章,以防止、减少和控制来自受其管辖的海底活动或与此种活动有关的对海洋环境的污染以及来自依据第六十和第八十条在其管辖下的人工岛屿、设施和结构对海洋环境的污染。

2.各国应采取其他可能必要的措施,以防止、减少和控制这种污染。

3.这种法律、规章和措施的效力应不低于国际规则、标准和建议的办法及程序。

170

4.各国应尽力在适当的区域一级协调其在这方面的政策。

5.各国特别应通过主管国际组织或外交会议采取行动,制订全球性和区域性规则、标准和建议的办法及程序,以防止、减少和控制第 1 款所指的海洋环境污染。这种规则、标准和建议的办法及程序应根据需要随时重新审查。

第二〇九条 来自"区域"内活动的污染

1.为了防止、减少和控制"区域"内活动对海洋环境的污染,应按照第十一部分制订国际规则、规章和程序。这种规则、规章和程序应根据需要随时重新审查。

2.在本节有关规定的限制下,各国应制定法律和规章,以防止、减少和控制由悬挂其旗帜或在其国内登记或在其权力下经营的船只、设施、结构和其他装置所进行的"区域"内活动造成对海洋环境的污染。这种法律和规章的要求的效力应不低于第 1 款所指的国际规则、规章和程序。

第二一〇条 倾倒造成的污染

1.各国应制定法律和规章,以防止、减少和控制倾倒对海洋环境的污染。

2.各国应采取其他可能必要的措施,以防止、减少和控制这种污染。

3.这种法律、规章和措施应确保非经各国主管当局准许,不进行倾倒。

4.各国特别应通过主管国际组织或外交会议采取行动,尽力制订全球性和区域性规则、标准和建议的办法及程序,以防止、减少和控制这种污染。这种规则、标准和建议的办法及程序应根据需要随时重新审查。

5.非经沿海国事前明示核准,不应在领海和专属经济区内或在大陆架上进行倾倒,沿海国经与由于地理处理可能受倾倒不利影响的其他国家适当审议此事后,有权准许、规定和控制这种倾倒。

6.国内法律、规章和措施在防止、减少和控制这种污染方面的效力应不低于全球性规则和标准。

第二一一条 来自船只的污染

1.各国应通过主管国际组织或一般外交会议采取行动,制订国际规则和标准,以防止、减少和控制船只对海洋环境的污染,并于适当情形下以同样方式促进对划定航线制度的采用,以期尽量减少可能对海洋环境,包括对海岸造成污染和对沿海国的有关利益可能造成污染损害的意外事件的威胁。这种规则和标准应根据需要随时以同样方式重新审查。

2.各国应制定法律和规章,以防止、减少和控制悬挂其旗帜或在其国内登记的船只对海洋环境的污染。这种法律和规章至少应具有与通过主管国际组织或一般外交会议制订的一般接受的国际规则和标准相同的效力。

3.各国如制订关于防止、减少和控制海洋环境污染的特别规定作为外国船只进入其港口或内水或在其岸外设施停靠的条件,应将这种规定妥为公布,并通知主管国际组织。如两个或两个以上的沿海国制订相同的规定以求协调政策,在通知时应说明哪些国家参加这种合作安排。每个国家应规定悬挂其旗帜或在其国内登记的船只的船长在参加这种合作安排的国家的领海内航行时,经该国要求应向其提送通知是否正驶往参加这种合作安排的同一区域的国家,如系驶往这种国家,应说明是否遵守该国关于进入港口的规定。本条不妨害船只继续行使其无害通过权,也不妨害第二十五条第2款的适用。

4.沿海国在其领海内行使主权,可制定法律和规章,以防止、减少和控制外国船只,包括行使无害通过权的船只对海洋的污染。按照第二部分第三节的规定,这种法律和规章不应阻碍外国船只的无害通过。

5.沿海国为第六节所规定的执行的目的,可对其专属经济区制定法律和规章,以防止、减少和控制来自船只的污染。这种法律和规章应符合通过主管国际组织或一般外交会议制订的一般接受的国际规则和标准,并使其有效。

6.(a)如果第1款所指的国际规则和标准不足以适应特殊情况,又如果沿海国有合理根据认为其专属经济区某一明确划定的特定区域,因与其海洋学和生态条件有关的公认技术理由,以及该区域的利用或其资源的保护及其在航运上的特殊性质,要求采取防止来自船只的污染的特别强制性措施,该沿海国通过主管国际组织与任何其他有关国家进行适当协商后,可就该区域向该组织送发通知,提出所依据的科学和技术证据,以及关于必要的回收设施的情报。该组织收到这种通知后,应在十二个月内确定该区域的情况与上述要求是否相符。如果该组织确定是符合的,该沿海国即可对该区域制定防止、减少和控制来自船只的污染的法律和规章,实施通过主管国际组织使其适用于各特别区域的国际规则和标准或航行办法。在向该组织送发通知满十五个月后,这些法律和规章才可适用于外国船只;

(b)沿海国应公布任何这种明确划定的特定区域的界限;

(c)如果沿海国有意为同一区域制定其他法律和规章,以防止、减少和控制来自船只的污染,它们应于提出上述通知时,同时将这一意向通知该组织。这种增订的法律和规章可涉及排放和航行办法,但不应要求外国船只遵守一般接受的国际规则和标准以外的设计、建造、人员配备或装备标准;这种法律和规章应在向该组织送发通知十五个月后适用于外国船只,但须在送发通知后十二个月内该组织表示同意。

7.本条所指的国际规则和标准,除其他外,应包括遇有引起排放或排放可能的海难等事故时,立即通知其海岸或有关利益可能受到影响的沿海国的义务。

第二一二条 来自大气层或通过大气层的污染

1.各国为防止、减少和控制来自大气层或通过大气层的海洋环境污染,应制定适用于在其主权下的上空和悬挂其旗帜的船只或在其国内登记的船只或飞机的法律和规章,同时考虑到国际上议定的规则、标准和建议的办法及程序,以及航空的安全。

2.各国应采取其他可能必要的措施,以防止、减少和控制这种污染。

3.各国特别应通过主管国际组织或外交会议采取行动,尽力制订全球性和区域性规则、标准和建议的办法及程序,以防止、减少和控制这种污染。

第六节 执 行

第二一三条 关于陆地来源的污染的执行

各国应执行其按照第二○七条制定的法律和规章,并应制定法律和规章和采取其他必要措施,以实施通过主管国际组织或外交会议为防止、减少和控制陆地来源对海洋环境的污染而制订的可适用的国际规则和标准。

第二一四条 关于来自海底活动的污染的执行

各国为防止、减少和控制来自受其管辖的海底活动或与此种活动有关的对海洋环境的污染以及来自依据第六十和第八十条在其管辖下的人工岛屿、设施和结构对海洋环境的污染,应执行其按照第二○八条制定的法律和规章,并应制定必要的法律和规章和采取其他必要措施,以实施通过主管国际组织或外交会议制订的可适用的国际规则和标准。

第二一五条 关于来自"区域"内活动的污染的执行

为了防止、减少和控制"区域"内活动对海洋环境的污染而按照第十一部分制订的国际规则、规章和程序,其执行应受该部分支配。

第二一六条 关于倾倒造成污染的执行

1.为了防止、减少和控制倾倒对海洋环境的污染而按照本公约制定的法律和规章,以及通过主管国际组织或外交会议制订的可适用的国际规则和标准,应依下列规定执行:

(a)对于在沿海国领海或其专属经济区内或在其大陆架上的倾倒,应由该沿海国执行;

(b)对于悬挂旗籍国旗帜的船只或在其国内登记的船只和飞机,应由该旗籍国执行;

(c)对于在任何国家领土内或在其岸外设施装载废料或其他物质的行为,应由该国执行。

2.本条不应使任何国家承担提起司法程序的义务,如果另一国已按照本条提起这种程序。

第二一七条　船旗国的执行

1.各国应确保悬挂其旗帜或在其国内登记的船只,遵守为防止、减少和控制来自船只的海洋环境污染而通过主管国际组织或一般外交会议制订的可适用的国际规则和标准以及各该国按照本公约制定的法律和规章,并应为此制定法律和规章和采取其他必要措施,以实施这种规则、标准、法律和规章。船旗国应作出规定使这种规则、标准、法律和规章得到有效执行,不论违反行为在何处发生。

2.各国特别应采取适当措施,以确保悬挂其旗帜或在其国内登记的船只,在能遵守第1款所指的国际规则和标准的规定,包括关于船只的设计、建造、装备和人员配备的规定以前,禁止其出海航行。

3.各国应确保悬挂其旗帜或在其国内登记的船只在船上持有第1款所指的国际规则和标准所规定并依据该规则和标准颁发的各种证书。各国应确保悬挂其旗帜的船只受到定期检查,以证实这些证书与船只的实际情况相符。其他国家应接受这些证书,作为船只情况的证据,并应将这些证书视为与其本国所发的证书具有相同效力,除非有明显根据认为船只的情况与证书所载各节有重大不符。

4.如果船只违反通过主管国际组织或一般外交会议制订的规则和标准,船旗国在不妨害第二一八、第二二〇和第二二八条的情形下,应设法立即进行调查,并在适当情形下应对被指控的违反行为提起司法程序,不论违反行为在何处发生,也不论这种违反行为所造成的污染在何处发生或发现。

5.船旗国调查违反行为时,可向提供合作能有助于澄清案件情况的任何其他国家请求协助。各国应尽力满足船旗国的适当请求。

6.各国经任何国家的书面请求,应对悬挂其旗帜的船只被指控所犯的任何违反行为进行调查。船旗国如认为有充分证据可对被指控的违反行为提起司法程序,应毫不迟延地按照其法律提起这种程序。

7.船旗国应将所采取行动及其结果迅速通知请求国和主管国际组织。所有国家应能得到这种情报。

8.各国的法律和规章对悬挂其旗帜的船只所规定的处罚应足够严厉,以防阻违反行为在任何地方发生。

第二一八条 港口国的执行

1. 当船只自愿位于一国港口或岸外设施时,该国可对该船违反通过主管国际组织或一般外交会议制订的可适用的国际规则和标准在该国内水、领海或专属经济区外的任何排放进行调查,并可在有充分证据的情形下,提起司法程序。

2. 对于在另一国内水、领海或专属经济区内发生的违章排放行为,除非经该国、船旗国或受违章排放行为损害或威胁的国家请求,或者违反行为已对或可能对提起司法程序的国家内水、领海或专属经济区造成污染,不应依据第1款提起司法程序。

3. 当船只自愿位于一国港口或岸外设施时,该国应在实际可行范围内满足任何国家因认为第1款所指的违章排放行为已在其内水、领海或专属经济区内发生,对其内水、领海或专属经济区已造成损害或有损害的威胁而提出的进行调查的请求,并且应在实际可行范围内,满足船旗国对这一违反行为所提出的进行调查的请求,不论违反行为在何处发生。

4. 港口国依据本条规定进行的调查的记录,如经请求,应转交船旗国或沿海国。在第七节限制下,如果违反行为发生在沿海国的内水、领海或专属经济区内,港口国根据这种调查提起的任何司法程序,经该沿海国请求可暂停进行。案件的证据和记录,连同缴交港口国当局的任何证书或其他财政担保,应在这种情形下转交给该沿海国。转交后,在港口国即不应继续进行司法程序。

第二一九条 关于船只适航条件的避免污染措施

在第七节限制下,各国如经请求或出于自己主动,已查明在其港口或岸外设施的船只违反关于船只适航条件的可适用的国际规则和标准从而有损害海洋环境的威胁,应在实际可行范围内采取行政措施以阻止该船航行。这种国家可准许该船仅驶往最近的适当修船厂,并应于违反行为的原因消除后,准许该船立即继续航行。

第二二〇条 沿海国的执行

1. 当船只自愿位于一国港口或岸外设施时,该国对在其领海或专属经济区内发生的任何违反关于防止、减少和控制船只造成的污染的该国按照本公约制定的法律和规章或可适用的国际规则和标准的行为,可在第七节限制下,提起司法程序。

2. 如有明显根据认为在一国领海内航行的船只,在通过领海时,违反关于防止、减少和控制来自船只的污染的该国按照本公约制定的法律和规章或可适用的国际规则和标准,该国在不妨害第二部分第三节有关规定的适用的情形下,可就违反行为对该船进行实际检查,并可在有充分证据时,在第七节限制下按照该国法律提起司法程序,包括对该船的拘留在内。

3. 如有明显根据认为在一国专属经济区或领海内航行的船只,在专属经济区内违反关于防止、减少和控制来自船只的污染的可适用的国际规则和标准或符合这种国际规则和标准并使其有效的该国的法律和规章,该国可要求该船提供关于该船的识别标志、登记港口、上次停泊和下次停泊的港口,以及其他必要的有关情报,以确定是否已有违反行为发生。

4. 各国应制定法律和规章,并采取其他措施,以使悬挂其旗帜的船只遵从依据第 3 款提供情报的要求。

5. 如有明显根据认为在一国专属经济区或领海内航行的船只,在专属经济区内犯有第 3 款所指的违反行为而导致大量排放,对海洋环境造成重大污染或有造成重大污染的威胁,该国在该船拒不提供情况,或所提供的情报与明显的实际情况显然不符,并且依案件情况确有进行检查的理由时,可就有关违反行为的事项对该船进行实际检查。

6. 如有明显客观证据证明在一国专属经济区或领海内航行的船只,在专属经济区内犯有第 3 款所指的违反行为而导致排放,对沿海国的海岸或有关利益,或对其领海或专属经济区内的任何资源,造成重大损害或有造成重大损害的威胁,该国在有充分证据时,可在第七节限制下,按照该国法律提起司法程序,包括对该船的拘留在内。

7. 虽有第 6 款的规定,无论何时如已通过主管国际组织或另外协议制订了适当的程序,从而已经确保关于保证书或其他适当财政担保的规定得到遵守,沿海国如受这种程序的拘束,应立即准许该船继续航行。

8. 第 3、第 4、第 5、第 6 和第 7 款的规定也应适用于依据第二一一条第 6 款制定的国内法律和规章。

第二二一条　避免海难引起污染的措施

1. 本部分的任何规定不应妨害各国为保护其海岸或有关利益,包括捕鱼,免受海难或与海难有关的行动所引起,并能合理预期造成重大有害后果的污染或污染威胁,而依据国际法,不论是根据习惯还是条约,在其领海范围以外,采取和执行与实际的或可能发生的损害相称的措施的权利。

2. 为本条的目的,"海难"是指船只碰撞、搁浅或其他航行事故,或船上或船外所发生对船只或船货造成重大损害或重大损害的迫切威胁的其他事故。

第二二二条　对来自大气层或通过大气层的污染的执行

各国应对在其主权下的上空或悬挂其旗帜的船只或在其国内登记的船只和飞机,执行其按照第二一二条第 1 款和本公约其他规定制定的法律和规章,并应依照关于空中航行安全的一切有关国际规则和标准,制定法律和规章并采取其他必要措施,以实施通过主管国际组织或外交会议为防止、减少和控制来自大气层或通过大气层的海洋环境污染而制订的可适用的国际规则和标准。

第七节　保障办法

第二二三条　便利司法程序的措施

在依据本部分提起的司法程序中,各国应采取措施,便利对证人的听询以及接受另一国当局或主管国际组织提交的证据,并应便利主管国际组织、船旗国或受任何违反行为引起污染影响的任何国家的官方代表参与这种程序。参与这种程序的官方代表应享有国内法律和规章或国际法规定的权利与义务。

第二二四条　执行权力的行使

本部分规定的对外国船只的执行权力,只有官员或军舰、军用飞机或其他有清楚标志可以识别为政府服务并经授权的船舶或飞机才能行使。

第二二五条　行使执行权力时避免不良后果的义务

在根据本公约对外国船只行使执行权力时,各国不应危害航行的安全或造成对船只的任何危险,或将船只带至不安全的港口或停泊地,或使海洋环境面临不合理的危险。

第二二六条　调查外国船只

1.(a)各国羁留外国船只不得超过第二一六、第二一八和第二二○条规定的为调查目的所必需的时间。任何对外国船只的实际检查应只限于查阅该船按照一般接受的国际规则和标准所须持有的证书、记录或其他文件或其所持有的任何类似文件;对船只的进一步的实际检查,只有在经过这样的查阅后以及在下列情况下,才可进行:

(1)有明显根据认为该船的情况或其装备与这些文件所载各节有重大不符;

(2)这类文件的内容不足以证实或证明涉嫌的违反行为;或

(3)该船未持有有效的证件和记录。

(b)如果调查结果显示有违反关于保护和保全海洋环境的可适用的法律和规章或国际规则和标准的行为,则应于完成提供保证书或其他适当财政担保等合理程序后迅速予以释放。

(c)在不妨害有关船只适航性的可适用的国际规则和标准的情形下,无论何时如船只的释放可能对海洋环境引起不合理的损害威胁,可拒绝释放或以驶往最近的适当修船厂为条件予以释放。在拒绝释放或对释放附加条件的情形下,必须迅速通知船只的船旗国,该国可按照第十五部分寻求该船的释放。

2.各国应合作制定程序,以避免在海上对船只作不必要的实际检查。

第二二七条 对外国船只的无歧视

各国根据本部分行使其权利和履行其义务时,不应在形式上或事实上对任何其他国家的船只有所歧视。

第二二八条 提起司法程序的暂停和限制

1.对于外国船只在提起司法程序的国家的领海外所犯任何违反关于防止、减少和控制来自船只的污染的可适用的法律和规章或国际规则和标准的行为诉请加以处罚的司法程序,于船旗国在这种程序最初提起之日起六个月内就同样控告提出加以处罚的司法程序时,应即暂停进行,除非这种程序涉及沿海国遭受重大损害的案件或有关船旗国一再不顾其对本国船只的违反行为有效地执行可适用的国际规则和标准的义务。船旗国无论何时,如按照本条要求暂停进行司法程序,应于适当期间内将案件全部卷宗和程序记录提供早先提起程序的国家。船旗国提起的司法程序结束时,暂停的司法程序应予终止。在这种程序中应收的费用经缴纳后,沿海国应发还与暂停的司法程序有关的任何保证书或其他财政担保。

2.从违反行为发生之日起满三年后,对外国船只不应再提起加以处罚的司法程序,又如另一国家已在第 1 款所载规定的限制下提起司法程序,任何国家均不得再提起这种程序。

3.本条的规定不妨害船旗国按照本国法律采取任何措施,包括提起加以处罚的司法程序的权利,不论别国是否已先提起这种程序。

第二二九条 民事诉讼程序的提起

本公约的任何规定不影响因要求赔偿海洋环境污染造成的损失或损害而提起民事诉讼程序。

第二三〇条 罚款和对被告的公认权利的尊重

1.对外国船只在领海以外所犯违反关于防止、减少和控制海洋环境污染的国内法律和规章或可适用的国际规则和标准的行为,仅可处以罚款。

2.对外国船只在领海内所犯违反关于防止、减少和控制海洋环境污染的国内法律和规章或可适用的国际规则和标准的行为,仅可处以罚款,但在领海内故意和严重地造成污染的行为除外。

3.对于外国船只所犯这种违反行为进行可能对其加以处罚的司法程序时,应尊重被告的公认权利。

第二三一条 对船旗国和其他有关国家的通知

各国应将依据第六节对外国船只所采取的任何措施迅速通知船旗国和任何其他有关国家,并将有关这种措施的一切正式报告提交船旗国。但对领海内的违反行为,沿海国的上述义务仅适用于司法程序中所采取的措施。依据第六节对外国船只采取的任何这种措施,应立即通知船旗国的外交代表或领事官员,可能时并应通知其海事当局。

第二三二条 各国因执行措施而产生的赔偿责任

各国依照第六节所采取的措施如属非法或根据可得到的情报超出合理的要求。应对这种措施所引起的并可以归因于各该国的损害或损失负责。各国应对这种损害或损失规定向其法院申诉的办法。

第二三三条 对用于国际航行的海峡的保障

第五、第六和第七节的任何规定不影响用于国际航行的海峡的法律制度。但如第十节所指以外的外国船舶违反了第四十二条第 1 款(a)和(b)项所指的法律和规章,对海峡的海洋环境造成重大损害或有造成重大损害的威胁,海峡沿岸国可采取适当执行措施,在采取这种措施时,应比照尊重本节的规定。

第八节　冰封区域

第二三四条 冰封区域

沿海国有权制定和执行非歧视性的法律和规章,以防止、减少和控制船只在专属经济区范围内冰封区域对海洋的污染,这种区域内的特别严寒气候和一年中大部分时候冰封的情形对航行造成障碍或特别危险,而且海洋环境污染可能对生态平衡造成重大的损害或无可挽救的扰乱。这种法律和规章应适当顾及航行和以现有最可靠的科学证据为基础对海洋环境的保护和保全。

第九节　责　任

第二三五条 责任

1.各国有责任履行其关于保护和保全海洋环境的国际义务。各国应按照国际法承担责任。

2.各国对于在其管辖下的自然人或法人污染海洋环境所造成的损害,应确保按照其法律制度,可以提起申诉以获得迅速和适当的补偿或其他救济。

3.为了对污染海洋环境所造成的一切损害保证迅速而适当地给予补偿的目的,各国应进行合作,以便就估量和补偿损害的责任以及解决有关的争端,实施现行国际法和进一步发展国际法,并在适当情形下,拟订诸如强制保险或补偿基金等关于给付适当补偿的标准和程序。

第十节　主权豁免

第二三六条　主权豁免

本公约关于保护和保全海洋环境的规定,不适用于任何军舰、海军辅助船、为国家所拥有或经营并在当时只供政府非商业性服务之用的其他船只或飞机。但每一国家应采取不妨害该国所拥有或经营的这种船只或飞机的操作或操作能力的适当措施,以确保在合理可行范围内这种船只或飞机的活动方式符合本公约。

第十节　关于保护和保全海洋环境的其他公约所规定的义务

第二三七条　关于保护和保全海洋环境的其他公约所规定的义务

1.本部分的规定不影响各国根据先前缔结的关于保护和保全海洋环境的特别公约和协定所承担的特定义务,也不影响为了推行本公约所载的一般原则而可能缔结的协定。

2.各国根据特别公约所承担的关于保护和保全海洋环境的特定义务,应依符合本公约一般原则和目标的方式履行。

参考文献

[1]《中国大百科辞典》编委会. 中国大百科辞典[M]. 北京:华夏出版社,1990.

[2] 巴巴拉·沃德,雷内·杜博斯. 只有一个地球[M]. 北京:石油化学工业出版社,1976.

[3] 世界环境与发展委员会. 我们共同的未来[M]. 北京:世界知识出版,1989.

[4] 国家海洋局. 2010年中国海洋环境状况公报[R]. 2011.5.

[5] 中国21世纪议程管理中心. 论中国的可持续发展[M]. 北京:海洋出版社,1994.

[6] 欧阳鑫,窦玉珍. 国际海洋环境保护法[M]. 北京:海洋出版社,1994.

[7] RICHARD A Kenchington. Managing marine environments[M]. Taylor & Francis Press , Australia,1990.

[8] 鹿守本. 海洋管理通论[M]. 北京:海洋出版社,1997.

[9] 田子贵,顾玲. 环境影响评价[M]. 北京:化学工业出版社,2003.

[10] 国家海洋局海洋环境保护研究所. 海洋工程环境影响评价技术导则(GB/T 19485—2004).

[11] 管华诗,王曙光. 海洋管理概论[M]. 青岛:中国海洋大学出版社,2003.

[12] Pew Oceans Commission. 规划美国海洋事业的航船[M]. 周秋麟,牛文生,等译. 北京:海洋出版社,2005.